Notes on Becoming an Architect

住宅设计师笔记

[日] 泉幸甫・安井正・吉原健一・须永豪　著
卢春生　译

中国建筑工业出版社

著作权合同登记图字：01-2009-5383号

图书在版编目（CIP）数据

住宅设计师笔记/（日）泉幸甫等著；卢春生译．—北京：中国建筑工业出版社，2010.12
ISBN 978-7-112-12475-6

Ⅰ．①住… Ⅱ．①泉… ②卢… Ⅲ．①住宅–建筑设计 Ⅳ．①TU241

中国版本图书馆CIP数据核字（2010）第183915号

Japanese title: Juutaku-Sakka ni narutameno Noto (Kenchiku Bunka Synergy)
by Kohsuke Izumi, Tadashi Yasui, Kenichi Yoshihara, Go Sunaga

Original Japanese edition
published by SHOKOKUSHA Publishing Co., Ltd., Tokyo, Japan

本书由日本彰国社授权翻译出版

责任编辑：白玉美　刘文昕
责任设计：陈　旭
责任校对：张艳侠　王　颖

住宅设计师笔记
[日] 泉幸甫・安井正・吉原健一・须永豪　著
卢春生　译
*
中国建筑工业出版社出版、发行（北京西郊百万庄）
各地新华书店、建筑书店经销
华鲁印联（北京）科贸有限公司制版
廊坊市海涛印刷有限公司印刷
*
开本：880×1230毫米　1/32　印张：7 5/8　字数：220 千字
2011 年 3月第一版　　2015 年 8 月第三次印刷
定价：25.00元
ISBN 978-7-112-12475-6
（19741）

序　言

许多年轻的建筑师缺乏成为住宅设计师的自信。本书的目的是为了燃起他们对这一工作的勇气和希望，并让他们知道住宅设计的乐趣。

建筑专业的学生不想就业而想创业做住宅设计，但前辈们忠告他们："开设个人设计室很难生存。"于是他们犹豫不决，究竟选择"个人设计室"还是"公司组织"。现在，在设计事务所工作的人担心自己最终能否创业成为独立的建筑师；有的虽已经创业，但却找不到工作项目，很失落。

住宅设计的确很有乐趣，但靠住宅设计难以维持生活。这种严酷现实伴随着以住宅创作为目标的人，必须应对这种严酷现实。因此，作为住宅设计师为已经起步的年轻建筑师和已经积累了一些经验的建筑师写作了本书。

但无论谁都不是顺畅轻松地进行工作的。要成为住宅设计师必须逾越一些障碍，首先要清楚地知道这些障碍是什么。

这些障碍有两种，就是作为住宅设计师的"生存方式"和住宅设计要考虑什么，即"设计主题"是什么。本书的前、后两部分解说了"生存方式"，中间部分解说"设计主题"。

自己可以靠住宅设计生存下去吗？只是担心苦恼就无法开始。要成为住宅设计师，要把梦想变为现实，首先要挑战自己面临的具体困难，除此之外别无选择。作为住宅设计师的"生存方式"必须习惯这种挑战，还要具有"设计主题"，在这种追求之中才能作为住宅设计师起步，才能体会到设计的乐趣。

当然，作为建筑师的"生存方式"也好，"设计主题"也好，都因人而异，是自由的，无一定之规。

建筑可以说是多面性、综合性、经验性的学科。人的经验不同，"生存方式"、"设计主题"也各不相同，本书不可能包罗万象，只希望各位从中获得启示，得以自由发挥。

本书名为《住宅设计师笔记》是因为仅记述建筑师的“生存方式”、“设计主题”，只是作为建筑师工作生活的一个片断部分，希望读者各自从中受益、发挥，在住宅设计这样浩大题目的海洋中，发现正确航标，按各自的方式生存、设计，这是住宅设计的乐趣。发现这样的自我“生存方式”、“设计主题”，作为有自己独特风格的建筑师结出硕果。

本书作者中最年轻的一位在修改原稿时说：“若5年前我读到它该有多好啊！”这话一直铭刻在心，感受到其创业5年间经历了多少困苦，也感受到其超越磨难之后的喜悦。

“主题”明确，选择自己“生存方式”的建筑师不畏辛劳，逾越障碍，最终发展成为住宅设计师。

作者代表　泉幸甫

2008年秋　于工作室

目　录

30个主题关系图

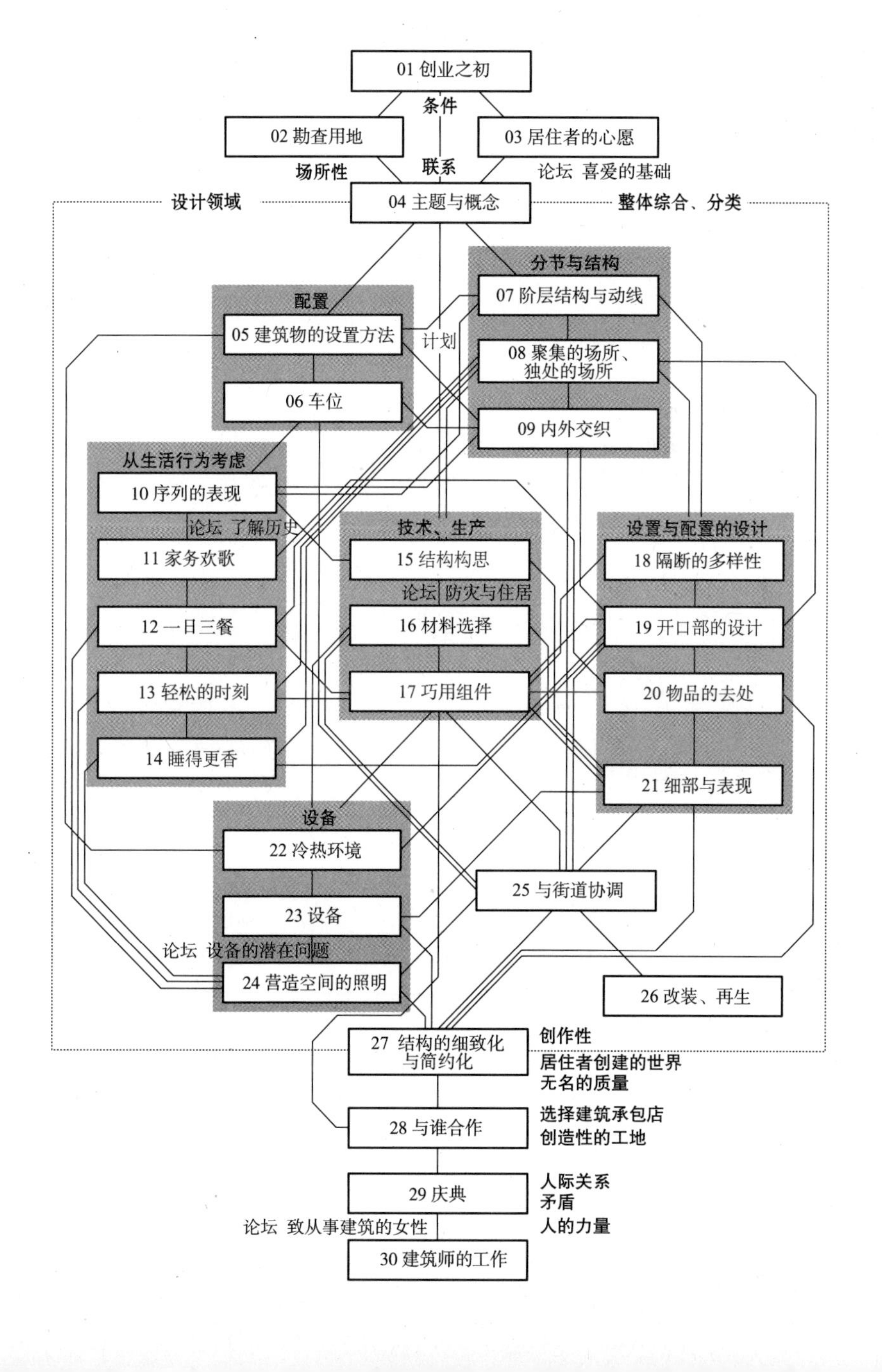
01 创业之初
条件
02 勘查用地
03 居住者的心愿
场所性
联系
论坛 喜爱的基础
设计领域
04 主题与概念
整体综合、分类
分节与结构
07 阶层结构与动线
配置
05 建筑物的设置方法
计划
08 聚集的场所、独处的场所
06 车位
09 内外交织
从生活行为考虑
10 序列的表现
论坛 了解历史
技术、生产
设置与配置的设计
11 家务欢歌
15 结构构思
18 隔断的多样性
论坛 防灾与住居
12 一日三餐
16 材料选择
19 开口部的设计
13 轻松的时刻
17 巧用组件
20 物品的去处
14 睡得更香
21 细部与表现
设备
22 冷热环境
25 与街道协调
23 设备
论坛 设备的潜在问题
24 营造空间的照明
26 改装、再生
27 结构的细致化与简约化
创作性
居住者创建的世界
无名的质量
28 与谁合作
选择建筑承包店
创造性的工地
29 庆典
人际关系
矛盾
人的力量
论坛 致从事建筑的女性
30 建筑师的工作

01 创业之初

各自不同的起步

建筑师的人生各种各样，其起点也各不相同。在学生时代已经“展露才华”、作为大建筑公司的培养对象去留学，回国后直接担负著名街道设计的建筑师有之；经过孜孜自学而成的建筑师有之；还有的人生迂回曲折，中途转换职业，然后重操旧业再次开始，以致从一般常识来看，从事建筑很晚的建筑师也存在。

正如每个人在各不相同的背景下出生一般，建筑师的起步也各有不同、无一定之规可循。各自只能在不同的环境中寻找自己的道路，并且每一个建筑师都是开拓者，即新事业开创者。

许多建筑师起步坎坷，刚刚创业就如鱼得水者终归只是极少数，大多数开始时几乎找不到项目做。建筑师没有项目做就无法起步，新事业开创者就会处于完全无事业可做的境地。

许多建筑师开始时找不到项目而感到人生不安，同学们已经在社会上工作，而自己也许终生连结婚都办不到，而结了婚的则更担心有孩子怎么办，甚为烦恼，没有项目可做的心情是郁闷的。

由于这种不安，也有人放弃了建筑师的人生目标；也有的人因压力过大而精神异常，甚至还发生不幸。但是，一旦踏上了建筑师的道路，就要无怨无悔、乐观愉快地顽强坚持下去。虽然起步艰难，但没有比建筑设计更有趣的工作了，要满怀着理想去奋斗。

无项目做是好事

只听说过逾越了障碍的人值得骄傲，说“无项目做是好事”怕没人相信。有项目做固然好，但无项目做也有无项目做的好处。

正因为身处逆境，才能做一些作为建筑师想做的东西，才能在自身中积蓄巨大的潜在底力。正因为无项目做，才能更好地孕育出自己的梦想。若有项目做，会忙于项目，无暇丰富梦想。许多著名建筑师开始时也无项目做，成了名的建筑师也有项目停断的时候。赖特（Frank Lloyd Wright、1867年6月8日～1959年4月9日）因为常被人提起的原因，自作自受，五六十岁时几乎处于无项目可做的低谷状态，快七十岁时，因“考夫曼住宅（流水别墅）”（1936年）而复苏。他的毅力令人惊讶。对于建筑师来说，没有项目的冷遇时期也许是必要的。正是在这个时候，如同地下岩浆般一点一点地不断膨胀，正是由于无项目可做，偶然有项目来临，就会把积蓄的底力全部迸发出来。所以说项目总连续不断并非一定就好。

也有刚刚创业起步时就有项目做的建筑师，这多是其受惠于所处的生长环境。譬如，亲友中有的有资产，但这并非能持续不断。年轻人在任何时代都对新鲜事物特别敏感，能创造出那个时代易于接受的东西。因此，也容易被媒体宣传。但实际上，这样的建筑师到了四五十岁就销声匿迹者大有人在，这恐怕是无暇积蓄潜在底力的缘故吧。

亲友能给予项目自然是幸运事，别人也无法嫉妒。但是，有必要适时摆脱，通过自己的力量从毫无关系的人那里获得项目，这才是成熟的建筑师。但这需要时间，只能不急不躁，乐观顽强地生活，阴郁沉闷的人无人愿意靠近。

住宅设计师属于农耕民族

作为住宅设计师生存也许需要具有农耕民族的性格。住宅设计的设计费低，要持续下去需要一定的工作量，住宅设计师＝小的项目 × 大量工作。必须形成这样的工作状态。一年里偶然得到一份工作，来年就成为 2 份，再何时又增加为 3 份、4 份，必须开创出这样的局面。

那么，怎样才能开创出这样的局面呢？答案很简单。那就是认真仔细地全身心投入到所获得的项目中，积累成绩，恐怕只有如此。超出一般水平的建筑也许会被媒体报道，也许会被偶然路过的人看中，因此而成为客户。搞农业粗耕滥种的危害很严重，一切所为都会得到相应结果。就像农民那样终日认真劳作，才能积累成果。1×1.1=1.1，1.1×1.1=1.21，1.21×1.1=1.331……这样不断地扩大耕地面积，使农作物获得优良的评价，这需要相当长的时间。并且，这种努力要持续终生。持续劳作才会有收获。在这个意义上住宅设计师属于农耕民族。

当然不能浮夸，当有项目时扩大工作场地，增加人手，这马上就会陷入僵局。这样的设计师很多。要摸着石头过河小心扩展，有了确实的基础再进行下一步。在这个意义上住宅设计师也属于农耕民族。

建筑师可以参加公共建筑大项目的设计比赛，但在设计比赛中获胜并不容易，有时即便在比赛中获胜，结束后又得从零开始，那只是一时的顺利，还要回到起点重新开始。这又像追寻猎物的狩猎民族，需要狩猎民族生存的才能、智慧以及运气。

成为住宅设计师需要时间，需要脚踏实地不断努力才会有所回报。所以，终生不可忘记：要踏踏实实地不断努力积累。

不急不躁，持续努力成就一件事，人生虽然觉得短，但总有持续努力的时间。40岁以前迎来高峰的人、晚年失落的人，各种各样。不断努力的建筑师具有顽强的精神以及与此相辅相成的广阔视野，其人生是开始纤弱而最终开花结果的，在这个意义上住宅设计师也属于农耕民族。

以微小的项目开始

也许创业之初就有幸获得大项目，但以微小的项目开始也好，毋宁说以微小的项目开始最好。

这是因为住宅设计需要多方面的丰富知识和经验，从建筑专业知识到与用户、同行的交往、合同相关的法律等，这是很繁杂的。尽管如此，最近，没有这类经验却创业的年轻人增多，其不知道建筑的可怕。并不能说年轻时的创业一定不好，只是风险太大，给社会增添麻烦，自己还会被摧垮，尤其是大的工作项目。

所以，开始时，捡别人丢掉的麦穗般的小项目，全力做好。

以往在别人领导下工作与自己创业是完全不同的世界。要清楚地理解自己要负全部设计责任，自己创业，要开始担负责任会有不安和迷茫。

“小项目”是无法委托大公司做的，只能由小的建筑工务店来做。大的建筑公司能对设计漏洞进行补救，而小的建筑工务店很少有这样的能力，建筑师必须清楚所有的工作事项，否则做不好项目。所以，对建筑要有渊博的知识。“小项目”的工作经验是作为建筑师打基础的绝好机会。

住宅设计是建筑设计中的独特领域，与办公楼、公寓的设计和工程展开方式完全不同。说得极端点儿，公寓、办公楼的设计，只要有完备的规格书，其他的都可由大建筑公司完成。而住宅设计则必须顾及细微之处，还要清楚建筑工匠的施工方法。建筑师所具备的这些知识，不表现在作品的外表，而是表现在高水平上。这样的高水平与建筑面积的大小无关。小的工作是锻炼出这种实力的好机会。

住宅设计不仅仅要从建筑杂志获取绚丽夺目的规划设计、照片等信息，更要解决使用方便，耐久性，安全性等众多课题。对此，建筑师必须负有责任。正因为项目小、有时间，可以深入观察推敲建筑，作为建筑师从中也可以发现自己的主题。对建筑锲而不舍的同时，认真仔细，不急不躁。创业之初，在这个意义上也以微小项目开始为好。

项目少时决定胜负

常听人带着焦急的口吻说:"创业了,可作为建筑师还没有发现主题"。经验少的时候,并不容易发现主题,在实际设计中接触现实才能发现。这就像人不是带着题目出生的,而是在成长过程中发现它的。为了发现主题而深入研究建筑,在这个意义上,创业之初的时刻无比宝贵。

参加研究会以及各种各样的交流,结交许多建筑师前辈和友人也很好,这正是因为有时间才有可能。在这些场合,有时会认识年轻无名但是有能力的人,他们总会有展现才华之日。终生与这样的友人较量,相互激励,与众多有能量的朋友共同生活在同一时代,那是自己人生的幸运,即便当时或许没有意识到,这比起一人独处更有意义。

创业之初,经常会焦虑。但这不是才刚刚起步吗?起步的重要就在于要尽可能跑得更远,飞得更高。

泉幸甫

02 勘查用地

勘查用地的目的

实际上不“勘查用地”也能设计出住宅，不用去住宅地，一般建筑师都可以做到仅凭宅地的图纸设计住宅的房间。在其他地方设计出的住宅也能用在这里，也可以建造起住宅。但谁都可以想象这样的住居不会舒适。

设计优质的住宅必须“勘查用地”，因为要充分发挥土地的特点，与周围环境相适应才能建造出优质的住宅，这是不可缺少的一步。窗户是否可看到美丽的景色，是否遮挡住邻居的光线，温暖的处所能否得以保留等等。要创造出这些舒适的居住环境，必须正确掌握邻居房屋的建造形式、眺望方向等。本书在后面的“05 建筑物的设置方法”、“06 车位”、“09 内外交织”、“25 与街道协调”等篇章都论述了如何将更好的形态编织进设计之中，其中哪一项都离不开勘查用地。

但有的建筑师并不重视勘查用地，认为勘查用地，了解对应每一块不同用地，这种态度是被动的，与建筑师的作品创作无关。譬如，篠原一男在《住宅论》(鹿岛出版会，1970) 中说：

“我认为不仅仅是家庭结构，如何摒弃个别的条件，抓住一般事物规律，这是独立式住宅设计的重要前提。关于住宅用地的条件也同样，进行规划设计不应被其独特性所限制。‘空伞之家’的

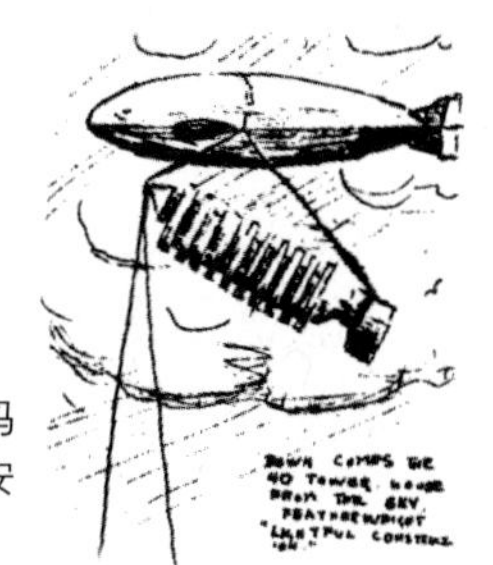

“4D 住宅”（富勒，1928）（引自弗拉、玛克斯《巴克明斯特·富勒的世界》木村安史、梅泽忠雄合译，鹿岛出版会，1978）

用地率近乎极限，这个小亭屋完工时都无法拍照外观。但与这样的特殊宅地条件无关，我只进行这个小亭屋的设计。因为我只是想让这个小亭屋也搁置在宽阔的地面上。”

不根据住宅用地条件及住户的个别要求，解决更为一般的普遍性问题的方案才是建筑师应思考、提议的，这有伦理道德包含在其中。提出这种带有普遍性的提议，使时代和社会发生变革，这样的工作才正是建筑师应该做的。在现代建筑师中，这一伦理道德也因人而异不同程度地存在着。

巴库明斯塔·弗拉的“4D 住宅”（1928）构思，具有极强的不受土地束缚的普遍特性。

“‘4D 住宅’造价便宜，并且易于空运进行建造。所以，在弗拉的眼中，被看做是‘动’的商品。住宅是人生活的附带设备，如同电话一样是由服务业来准备的，因而可安装在世界任何地方，让使用者从地域性的桎梏中解放出来。”（《巴克明斯特·富勒的世界》木村安史，梅泽忠雄合译，鹿岛出版会，1978）

对于富勒来说，住宅完全没有必要根植于土地，住宅作为具有最高性能与功能的装置，应该在工厂生产、组装、运输。“住宅是居住的机械”是勒·柯布西耶的命题，而富勒的“4D 住宅”构思却包含着比勒·柯布西耶更纯化的现代理想。今天，在日本极为普及的住宅工厂以及建材工厂生产的新材料、组件，拿到工地现场组装，这一生产方式就不是扎根于土地或个人独有的愿望，

亚历山大《模式语言　环境设计手册》(平田翰那译，鹿岛出版会，1984)

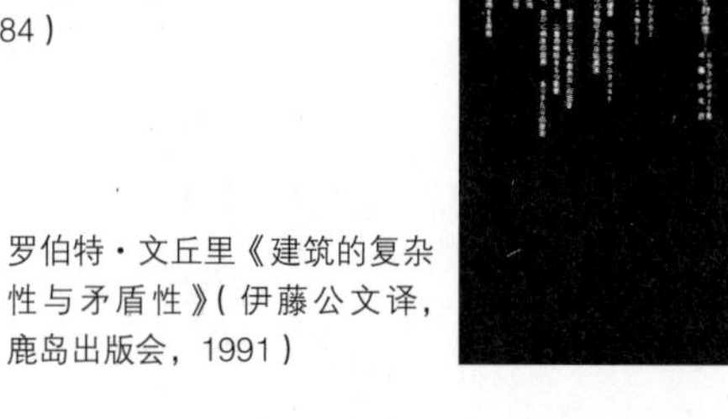

罗伯特·文丘里《建筑的复杂性与矛盾性》(伊藤公文译，鹿岛出版会，1991)

在追求平均稳定的高性能意义上，是弗拉“4D 住宅”所描绘内容的延伸。

但另一方面，有人则批判追求普遍性的方法，其尽管得以“量”的实现，但“质”却实现不了。另外，有人提出与普遍性对立的特殊性、与抽象的平均性对立的具体的多样性等观点，并在1960、70 年代形成了对现代建筑的逆反潮流。罗伯特·文丘里的《建筑的复杂性与矛盾性》(伊藤公文译，鹿岛出版会，1991) 以及克里斯托弗·亚历山大的《模式语言 (Pattern Language) 环境设计手册》(平田翰那译，鹿岛出版会，1984) 中都贯穿着这样的观点。

在这样的潮流中，场所固有的特殊性、地点性引起了关注。

在某些场所会感到心情愉快，不知不觉中便定居这里，以后感到“真是好地方”，这种感受很多人都经历过。为有意识地营造这样的场所，需要让那里的人与周围环境结成多样的关系，在各种各样水平上与眺望、日照、广阔感、材质感、象征性、记忆性等形成关系，这样就会使人感到那是个丰饶的地方。

我们勘查建筑用地的意义就是为了营造出富有特性的场所，为找到这样的线索而了解用地。到该地点观察、感受、发现某些事物，这样建筑师与建筑用地之间产生了关系，注意到了什么，拣起来，不要错过；将其培育起来，将只有在这里才可能产生出的特殊性尽可能地融汇于建筑之中。

"葛饰、小路与家"
右：建造前的宅地
左：建造后的外观

"葛饰、小路与家"
（工艺科学室，2006）
住宅用地模型 1/100

勘查用地的实际方法

那么看到具体的用地，我们如何去认识它、了解它？大多数人会实际测量、拍照片、调查法规条件等。但是，如果看到建筑用地而引发出某种建筑创意，那就又深入了一步，自己与建筑用地的关系有必要更紧密，即要亲身体验场所。

从车站走到住宅用地也是一种方法，房主家人每天上学下班的必经之路，他们是在怎样的景色之中，带着何种感受走回家的，要体验一下。当然这种感受因人而异。这同时也可以了解地域的风景、特点、城镇历史，这有助于创意。

到住宅用地实际工作，亲身测量，制作模型，这又会与我们所见到的有所不同，可以更深入地了解住宅用地。与数量分析、理论思考不同，我们在实际动手制作模型时，依凭测量的资料与记忆，使脑力活动受到刺激而产生出好的创意。但这并没有保证，只能期望。我的事务所在开始基本设计之前，都要做 1/100 的用地模型。

我设计的"葛饰、小路与家"（2006）有三条道路围绕宅地，由宅地与道路的关系开始构思创意。第一条道路从车站经商店街可走到住宅用地的正面；第二条是正面斜伸的道路，右边有河流流过；第三条是夹着用地反侧的道路，在这里邻居摆放着盆栽，充满着市井的生活气息；要考虑如何使这三条特点不同的道路与建筑协调。计划正面设置没有开口部的灰浆涂抹墙面，以避开商业街走动者的视线，旁边设置连续的半开口墙壁，使商店街的人流从旁通过，道路旁边集中着小规模分节的建筑物部分，产生出市井道路中亲密的人性化亲近感。目标是建成多种事物混合存在的多样性建筑，具有市井清新活泼的特点。

勘查住宅用地，没有条件好或条件差的住宅用地。与绿色盎然的郊外宽阔土地相比，狭小密集、无绿色、日照差，按照自然感情，一般都认为是条件差的住宅用地。但不论任何条件，一旦那里要我们建造住宅，作为工作接受后，只哀叹条件不好就无法展开工作。条件不好也是那块住宅用地的特点，要作为创意的线索很好地大胆利用。

在地球上，所有的住宅用地都有线界，理论上说地球上没有相同的第二块土地，与任何其他的住宅用地都不同，我们要在地球上唯一的这一块土地上建造住宅，这样想就会产生出具有固有性特点的创意。

了解土地的历史

每块土地有每块土地的历史，面对今后要建造起住宅的这块土地，究竟何时成为今天这样的形状，谁，曾经怎样获得又为何放弃，今天的主人如何将其领有，其间以什么目的建造了怎样的建筑，又以何种方法使用，过去是山林，是农地，还是海底。了解那块土地的固有历史，可以知道今天这块土地上适合建造怎样的建筑，成为建筑构思的根据之一。在政府、当地图书馆大都有乡土历史资料，由此可掌握土地历史的概略。

阵内秀信的《东京的空间人类学》(筑摩书房1992，文库初版)

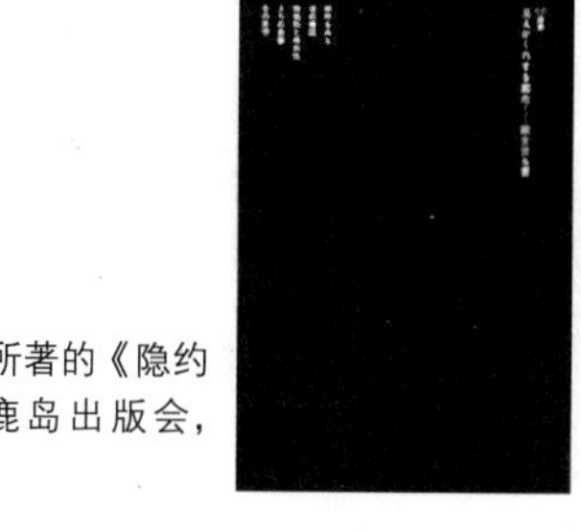

槙文彦等所著的《隐约城市》(鹿岛出版会，1980)

阵内秀信的《东京的空间人类学》(筑摩书房，1980)中说：走在现代的东京街市，观察地形、道路、土地利用等，从看似与过去历史断绝的现代东京城市结构中，看到了与江户时代城市结构的连续性。建筑的规模感与城市自然结合，住宅用地内的建筑配置方法等，展现出日本独有的空间设置方法。

槙文彦等所著的《隐约城市》(鹿岛出版会，1980)中也说：所谓“道路构图”、“微地形与场所性”、“市街表层”、“深处思想”这样的切入口，可以了解现代城市结构及表层。这本书的有趣之处在于贯穿着抓住现象背后的原则。使我们现在走在街道上，可以感知城市形态是逐步添加而成的。

铃木博之在《东京的“地灵”》(文艺春秋，1990)中说：地灵概念是“那块土地引发的灵感，与土地相关的联想性，或是土地具有的可能性这样的概念”。现代，所有的土地都有所有者、管理人。了解何时、何人以怎样的方式领有土地以怎样的意图使用土地，进而又为何放弃土地以及土地的其他使用方法。了解时代背景的同时，了解各个时期相关者的立场、意识等，可以掌握那块土地的形象、意义、价值，知道如何创造出它的形态。

中泽新一在《阿斯塔巴》(讲谈社，2005)中，以丰富的想象力描述了上溯到绳文时代，东京低地大部分处在海底时，人在其场所及地形的活动与感受，这自古至今都是贯通着的。

带着这样的观点和认识，不单是从物理的角度看待住宅用地，不仅认知眼睛可以看到的事物，而且是从更大的城市脉络关系中

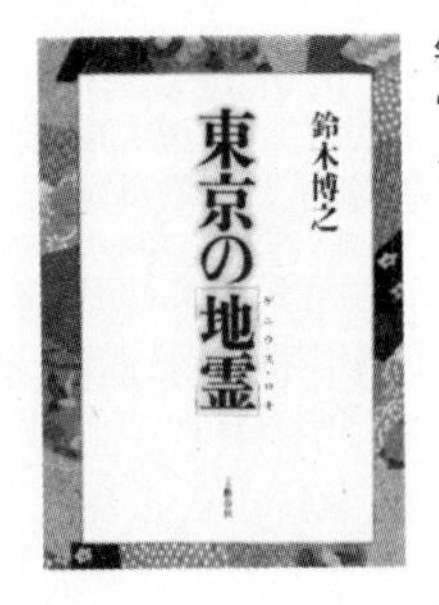

铃木博之在《东京的“地灵”》（文艺春秋，1990）

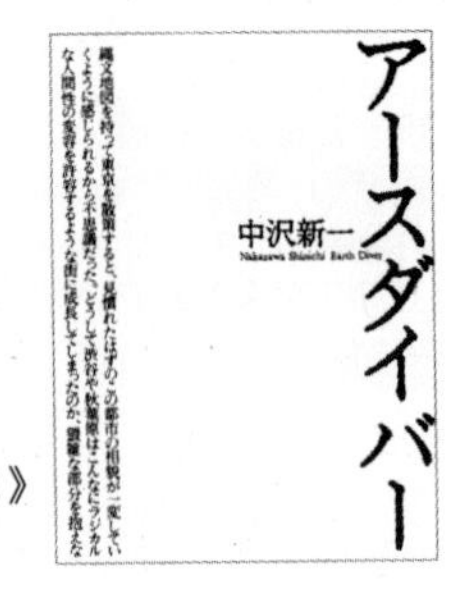

中泽新一《阿斯塔巴》（讲谈社，2005）

加以理解。与此同时，想象力不仅捕捉近数十年来围绕着住宅用地的环境变化，还由近代上溯到中世，由中世上溯到远古。将自己建造这一住宅的行为用想象力与悠久的时间轴联系起来。

安井正

03 居住者的心愿

房主各种各样

出售建好的住宅另当别论，住宅设计工作是因为有房主的要求才得以成立。住宅设计中房主是极重要的。建筑师并非像一般人所认为的那样是随心所欲的工作，其建筑设计根据房主的愿望也大不相同。住宅状况的主要决定因素有地点、预算、家庭结构等许多方面，房主期望什么样的住房也是重要因素。房主对住宅的想法和建筑师的想法不一致会招致不幸的后果。所以，房主期望什么，考虑什么，要尽快察觉到。

尽管如此，但房主各种各样，如同人的面相各不相同。建筑师人生中总会初次接触不同性格的房主。并不能清楚地把房主形态分出类来。有的神经质、有的飞扬跋扈、有的说真话、有的说假话、有的社会经验十足、有的涉世阅历很少、有的虚荣、有的实在、有的讲求实用、有的追求外观、有的富有、有的没钱、年龄也各不相同，正如社会上种种不同的人一样，这是理所当然的。房主对建筑师的态度也各不相同，与种种不同的房主长时间交往直到完工，如同只去无返的单向交流。

一开始就要了解是什么样的房主，与房主的交往从设计到完工，自始至终都不可松懈，有的曲折迂回、有的直截了当。恐怕直到完工后才能反思原来是这样的人。不论如何，为房主工作要时刻铭记着：与房主更融洽的交往是建造更好建筑物的条件之一。

房主真正的需要

住宅设计通常先勘查用地，同时了解房主需要怎样的住宅。建筑师听取房主需求的方法各有不同，有的交给房主调查表请其填写问项。譬如，从家庭成员年龄到睡床还是睡地铺等。这是获取住宅设计条件的各项问题。但调查表所能了解的只是提问内容，而在此之外的事物往往也很重要。

对此，不是填写问项，而是让房主记录在笔记本上，什么都可以记。这种方法可以更清楚地了解房主意愿。但这种方法的缺点是房主不知写什么好，所以分类为全家人的愿望、各个房间的要求等，让房主易于填写。

但填写问项、笔记本记录都有局限。实际上，房主真正的意愿并非文字可以写下的如此简单的内容，房主写不出的东西往往很重要，文字的东西仅仅是基本事项。一般的，个别事项由房主表现为文字也不能对住宅整体进行清晰的印象表达。这个"清晰的印象表达"是建筑师必须抓住的核心。这是与空间质量相关的最重要之点，不是通过电子邮件往来能获取的数码内容。

为此，需要对话。对话内容不仅仅是建筑，杂谈也可，闲谈会获得意外信息。不仅仅是闲谈的内容，从闲谈的状态也可了解人的特性。譬如，装束及眼神。

从中可以更清楚地了解这个人的"居住感觉"。另外，也可以捕捉到在以往的住居中如何生活的重要信息。整洁干净或杂乱无章。房主往往想整齐洁净地住进新居，但杂乱的人尽管建造出很多壁橱也依然杂乱。人很难改变，还是以治家杂乱作为设计前提为宜。

房主在设计合同上依法签字，多为丈夫或夫妇，但其身边或有子女，或有提供土地的长辈、也有两代同居的。商谈时的对象即便是一个人也必须综合归纳全家人的意见，特别是有的人在姑嫂妯娌面前往往难以表露真意，建筑师有必要顾及这些，必须锻炼出这种对人的观察力。

无论如何，与房主之间的关系不融洽项目就会被取消，有时还可能发展成为诉讼。建筑师必须随时察觉到房主在想什么、期望什么。许多成功的建筑师在这一方面非常敏感。

房主的期望并不能都实现

几乎所有的建筑公司都会超过预算，因为建筑师、房主都有欲望才导致如此。但建筑师有控制成本的责任。经常听到设计的东西超过预算而引起麻烦，如果是建筑师随心所欲的设计那是建筑师不对，但有时超出预算是因为要不断地满足房主的要求。善意会绞杀自己，建筑师最终要在房主接受的预算中完成建筑。

这并不是说只要不超预算就好，想建成尽可能好的建筑物，需投入相应的钱，并且成本最终并不单是由图纸来决定，也还根据建筑商的状况、情况变化等各种不确定因素，所以预算控制并不容易。

重要的是在设计内容中应经常考虑超支时能够与预算拉平的方法。另外，在设计的各阶段，必须对成本加以说明。譬如，"采用这个的话预算就会吃紧，也许应该取消，但努力试试看"等。

建筑并不仅仅是为了房主

建筑并不仅仅是为房主而做，也不是为建筑师而存在。在建筑生产的过程中需要大片面积，建成的建筑物也要存在几十年，乃至几百年。所以，在依照房主意愿的同时，视野广阔也极为重要。受到赞誉的建筑师具备两方面的良好平衡力。

村野藤吾说："按照对方的意向充分对话交流，做认可的设计。但委托村野要把最后的1%留给村野。"这话具有村野风格，正是村野才可以讲这样的话。结果超出房主的心愿，从任何角度看都想说：这几乎99%是村野的。正是因为他具有理解"对方想法"的敏感性，99%的村野建筑才能成立，村野并不是完全遵从房主的。

进一步品味村野的"充分交流对话"，我们并不知其程度。这暂且不说，房主从选择村野时起，就已经是对"村野建筑"的认可了。在这一时点，大部分商讨已经完成，房主已经要委托"村野建筑"了。所以，与房主的谈话已经超越了为那座建筑物，建筑师至今建造了怎样的建筑，建筑师已经创立起的形象，这是最重要的认可。

然而，那些刚起步的没有作品的建筑师无法像他那样，房主委托的工作发挥不出建筑师特长的情况时有发生，从这一意义来讲，建筑师创业之初是艰辛的，但却不得不经受。

创业之初受到挫折的原因大多是因为缺少建筑方面的技术能力、人的度量不够等，这必须克服。但何时才能像村野藤吾那样，成为只有他才能创作出这种作品的设计师，这需要积累修炼。关键是要创造出可以建造这样建筑的环境。然后，创建出独自的特性，只有此人才能建造出这种“有魅力的建筑”，这才是与房主最好的合作方法。

泉幸甫

论坛

喜爱的基础

毋庸置疑，住宅设计是为居住在那里的人所特定的。与房主直接签约，反复商讨来实施计划。为此，居住者的价值观、兴趣、嗜好、想法都会极大地影响设计。有时必须对应极主观或极自私的想法。完全听任居住者的意见则无法进行，而建筑师的意见也无法强行去做。建筑师所想的方向性和表现与居住者的想法差距太大，有时会招致设计终止的不幸结果。

建筑师承接设计首先要检查住宅用地、法规等。同时，也会让房主填写设计意愿表。设计意愿表是预先准备好的征求意见格式。根据不同建筑师有各种不同的征求意见方式，有通过信函的，自由随意地书写想到的事项，也有通过交谈等方式的。其内容大致为：休息时喜欢用椅子还是用榻榻米、需不需要日式房间、厨房是独立式还是对面式或是开放式、要不要储物空间、停放几辆自行车、孩童房间的设想等。设计意愿表可以了解到顾客的种种生活形态和对设计的要求。

我与此不同，一般是请顾客写出“喜爱的基本条项”这样的表格，表里按字母顺序列出空栏，请房主随意记入想写的事项。例如，喜欢的书、音乐、菜，喜欢的人或地方，内容随意什么都可以写。房主填表时，自己究竟喜欢什么、厌恶什么、需求什么、有什么兴趣、嗜好等，要自我整理。

建造住宅是对过去生活进行回顾，重新认识自我的机会。房主难以向建筑师形象表达对空间的要求，而以设计意愿表作为“共同的语言”，作为空间形象、设计创意的根据。

通过设计意愿表可以得知房间数、大小、设备等与数量相关的事项，但却很难得到个人感性、喜好、思想等眼睛看不到的东西。

下表是房主实际填写的例子，由此可以看到几项关键要点。这可以获得一些在意愿表中得不到的房主个人感性及平日生活信息。设计需要把眼睛看不到的东西形象化，通过这些词句、要点，可以展开形象设计。

吉原健一

あ	か	さ	た	な	は	ま	や	ら	わ
有吉佐和子	神鸟	酒	辰已芳子	西南航空（现JTA）机舱杂志	韩国料理	圆	蔬菜	Loud Minority	初夏（冲绳的最好季节）
い	き	し	ち	に	ひ	み	–	り	–
西表岛	乡土料理	碳酸氢钠与柠檬酸的家务	地域共生	大蒜、赌注、黑胡椒	桥（波纳柏岛的旅馆）	民家住宿		流星群	
う	く	す	つ	ぬ	ふ	む	ゆ	る	を
海	Glenn Herbert Gould（加拿大作曲家）	爵士乐队的草野正宗	中秋丸子	咸菜	原始艺术	儿子	聊天	类义语大辞典	男人躲开
え	け	せ	て	ね	へ	め	–	れ	–
缘	语言学	蒸笼	手工活	猫	动画片《贝卢埃·兰德（LES TRIPLETTES DE BELLEVILLE）》	死亡冥想		莱纳德的清晨	
お	こ	そ	と	の	ほ	も	よ	ろ	ん
荷兰	咖啡	灌木林	龙清少纳言	No more War	吉卜赛(Bohemian)狂想曲（Rhapsody）	原潜水员	瑜伽	LOHAS	苦菜汁

喜爱的基础（本表是以日文平假名发音为序编排而成）

04 主题与概念

有主题可提高作品水平

“勘查用地”是把握住宅用地的主要条件，“居住者的内心愿望”是倾听理解居住者的愿望。然后，就该开始设计了。一着手设计，创意便喷涌而出，构思不断膨胀，设计进展迅速，这样的顺利展开很合理想，但实际上并非如此简单。现实严酷，重任在肩，手却不能动，或者是受到喜欢的建筑师作品的刺激，这也想做，那也想搞，左右动摇定不下来，这种情况下该怎么办?

要创造出好的作品，仅仅在所给予的条件下进行应对是不够的，应该问自己“这项工作能做出什么来？”“想做出什么来？”稍退一步，眺望一下自己处于什么状态，问自己能做出什么来?即客观地看待自己，问自己什么是“主题与概念”。

有主题可以提高建筑物的水平，可以客观地对待问题，也可将问题与他人共有。事实上，在长时间的设计和施工过程中一定会出现问题，当自己不知如何处理时，客观的题目可以使自己回归主题，对房主的说明也具有说服力，也还可以对其他建筑师或杂志编辑等阐明自己的想法，相互讨论、评价。

主题多样化扩展

设计之中传达怎样的主题，本书的30个项目都进行了说明，这其中的任何一个都是建筑师在住宅设计中无法回避的问题，其中任何一个都是深奥的学问需要付出终生努力来研究的。因为任何部分看上去很小，要彻底研究的话，都与建筑世界的整体及时代状况相关联。

将自己的问题意识作为主题，多是根据自己的感性和认识，多取决于在哪里学到了什么。大学的老师或设计事务所所长的思维影响也很大。主题内容不必新颖、浩大，自己周围所感受到的具体课题最好。

越是本质的问题，时代改变了也依然会反复再现，即使是普遍问题，根据时代不同回答也不一样，正如“难以通用”这句话一样。正因为我们生活在当今时代，才能如此回答，这样钻研才能磨炼出个性。“01 创业之初”、“30 建筑师的生活”也都对此作了说明。

概念是什么

“概念”的使用因人而异，“概念”也译为“观念”，在 20 世纪 80 年代泡沫经济时很流行，带有轻微嘲弄之意。但解读一个建筑作品时，其整体由什么理论及结构构成，说明其背景的思想及观念时，使用“概念”一词很有用。另外，自己进行设计时迷失于细部，或遇到困难，可以据此回归到主题，概念可作为思想的核心使用。

主题是什么？概念是什么？尽管会有异议，也依然在此下定

《幻想之狱》第7图（比拉耐基，1760）（引自：桐敷真次郎、冈田哲史《比拉耐基与“坎普斯・马鲁泰吾斯”》书友社，1993）

义为：主题是设定的课题，概念意味着形态。

建筑师的工作是造型，画图决定建筑的形态。也有“构想建筑师”这样的词汇，不去实际建造建筑物，只是思索建筑物及城市形象，不断地将其在图纸上表现出来，这种建筑师在历史上就存在（陆德以及比拉耐基），但是我们若靠此就会难以生存。

建筑师的工作是造型，但是要说明建造图形则需要使用语言，在此这样定义：由语言来说明“形态的意义”就是“概念”。建筑师说明“形态”，将其意义传达给对方并被采纳，这一价值得不到认可就无法开展工作，也得不到报酬。从这一意义上来说，“概念”的解说是很重要的。

概念明确的魅力

手塚贯晴、手塚由比的住宅总是因概念明确引人注目。“屋顶之家”（2001）是在倾斜的高地上建造的住宅，从住宅用地的条件出发，使用可全面远眺的屋顶作为出色的生活场所。这一思维彻底的设计使人很容易地感到心情愉快、充满乐趣。因为其具有概念明确的魅力，被电视、杂志等大加报道。

概念明确是建造有魅力建筑的方向性之一。但其概念固定在实际建筑物中有结构、隔热等技术问题还有与生活相关的功能性问题以及能否经得住长年变化及耐久性等引

“屋顶之家”（手塚贯晴、手塚由比、手塚建筑研究所、池田昌弘、MIAS，2001）

发的问题，将来的危险性对应等，需要相当细致周密的设计。"21 细部与表现"涉及这些问题。

带有概念的住宅也会因居住者长期连续居住，而逐渐偏离或放弃其原有的意义、价值。

六角鬼丈的"塚田邸"（1980）将粗糙的带根圆木置于客厅中央，以倾斜搁置的形态作为座椅，其给人的感觉强烈，看过照片便难以忘却。初看时，感觉这是建筑师过分突出概念的结果。但经过二十五年后，松井晴子直接采访了一直居住在这里的塚田家人，这一粗糙的带根圆木被称为家庭三代加深感情联系的纽带，男房主也是边说"生活艰辛"边夸耀当时建造这一住宅的情况。现在曾孙来这里也喜欢爬上爬下，房主的孩子们也曾经同样这般玩过，据说孩子们也选择了建筑设计的人生道路。建造时，房主与建筑师一起四处寻找圆木，全家一起剥树皮，在建成后25年的生活岁月中，圆木一直都成为中心存在，成为这家人不可缺少的一部分，超出了当时建筑师的概念。由这种事例可知，普通常识难以理解的概念，也并不是建筑师独自随便的创意，而是与居住者共有才能产生出价值。大胆的创意，看似难以居住的概念，也不可轻易地批判。

每个建筑师内心都想创作出令人震撼的、有意义的作品，不可否认这是创作的动力。但是，这一欲望空转的话就会发生问题。有冲击力的造型与常识、习惯对立。怀疑某个地方，移动一下或翻转一下看看，由此来提示出新的有价值的观点，尽多使用能产

"塚田住宅"（六角鬼丈设计工房，1980）

生出新鲜有趣事物的手法。于是，产生出作为艺术作品的价值，能让大家共同感受到其主张的重大意义。总之“住居”与常识、习惯密切相连，只作为住宅来做，往往会出问题。

设计方案与居住者及建造者的常识、习惯对立时，坚持还是撤回，或是提出更大胆的方案并使其通过，要根据当时的情况判断，这也是左右建筑师人生态度的问题。有能力的建筑师不会强求，不会愤怒地简单放弃，而是搁置对立，柔性地改换设计，在改换中融入新的创意，吸收对方要求的同时完成更好的设计，这种方法才是可行的。

安井正

05 建筑物的设置方法

建筑物产生的责任

最令人头痛的是建筑物的随意设置，建筑工务店的老板、住宅厂家的营业员常这样做，小小的住宅如何摆放不影响世界大局。但建筑行为经常有要负罪的部分，建筑物一旦建造起就无法简单地拆除掉，若建造了地下室，还要挖掘地层，挖掘出数万年的过去，埋入混凝土块。50 年、100 年后，这些混凝土块会怎样？进行设计对此要感到有责任，设计者要以这样的意识来进行建造才会起到积极作用。

有时，会像安东尼奥·戈德的神圣家族教堂那样，尽管是一个人奇想所产生出的离奇建筑，但不知何时抓住了城市居民的心，超越了设计者的意识。

如此，在街市设置一个小小的住宅，相信也存在这样的可能性。工程开始就会觉察到来往行人全都观看建筑工地，从孩童到老太，市街的人全都满怀兴趣地等待着，看将会有什么东西在那地方出现。

虚实相交的建筑物体积研究

在打印出的宅地图纸上，放置发泡材料切割成的模型看一下，大体设定模型大小与用户希望的建筑规模、预算（平方米单价 ×

在工地竖起竹竿系上绳子，泉幸甫研究模型与平面

阿尼住宅（万工作室，1997）

建筑面积)，有宅地经验的人马上就能从建筑面积、容积率、斜线限制，算出建筑物规模的大小，这有时会不知不觉之中使自己的设计受限于框框。首先应该是看不到的线不看，把模型伸缩、压低、变形看一下，摸索找出最佳形态。对于斜线限制，如果使用天空率（建筑物立体角占有天空的投射率）就会相对自由许多。

地与图（箱体的内与外）的关系以及建筑物与邻居、街道的关系显现出来时，也许会发现“有点不对劲”，出现的直觉信号会成为这一建筑物建造中的课题，不仅是当时，也许孕育着自己终生都要研究的课题。

在桌面上发现的问题要拿到工地确认，在现场的环境气氛中再进行构思想象，建筑物的矗立方式以及从内向外瞭望的情景。在宅地上竖起几根园艺用的竹竿之类看看，这样印象马上就会具体起来，竹竿长，印象就会更明确，用短的也比不做好，只要身临其境就会发现建筑物的形象。进入其中向外眺望，想象在其中生活的情景，实际感觉该场所的风和气息，这是靠 CG（Computer Graphics 电脑制图）的功能难以获得的。

建筑的难度及有趣之处在于有“内外”，住宅内侧是适合生活的空间排列。外侧有土地形状、近邻和眺望方位等，只有那里才会有的独一无二的环境。在全新的宅地图上配置建筑模型时，内外关系已经产生，要把这一关系调整到最佳状态，要反复研究模型，有时会获得“只能这样”的奇迹。

设计过程当然不简单，任何建筑师都是在迷宫中摸索前进的，

"B house"(atelier A5、大野 Japan，2005)

"黑白住宅"(小岛一浩 C A，2002)

正如杂志文章所说：并非开始就有坦直的道理（那是反复摸索的结果），而多是完成之后才发现，或几年后受到别人指责，解释"当时我是这样想的"，才初次上升到了理论。

建筑物的设置方法因建筑师而不同

尽管描绘同样的花，也会出现高更与冈本太郎这样完全不同的画作，建筑也是如此，从宅地及房主方面读取了什么，如何反应，有多少设计者就有多少种回答。

塚本由晴、贝岛桃代设计的住宅多有对城市住宅方法的提议。譬如，阿尼住宅（1997）在宅地逐年小块化之时，把建筑物设置在宅地中央，与周围保持距离，该提案彻底推翻了"南庭信仰"，正中要害。

也有想完全占满自有土地的人，建造板台、阳台、房侧走廊等中间领域，把阳台用玻璃围起来变成太阳房，这在街面上经常看到。"常春藤结构之家"（坂茂，1998）的领地用蔓藤类植物完全围起，"B house"(atelier A5，2005) 在平台外周用网格围起，将宅地全部装饰化。另外，京都自古的街屋，"没有正面的房子"（西泽文隆，1960）、"周末之家"（西泽立卫，1998）等都是将小庭院环围成的"带庭院的房子"，或将外部变为半内部空间的状态。

建筑物的设置方法也可以决定内部空间的排列。"轻井泽山庄、肋田住宅"（吉村顺三，1970）、"黑白住宅"（小岛一浩，2002）的建筑物设置相互连接，"凹凸"型设置的内部空间若隐若

“轮之家”（武井诚、锅岛千惠，2006）

“松川箱体”（宫肋檀建筑研究室，1971—1991）

“巢鸭之家”（佐藤光彦建筑设计事务所，2004）

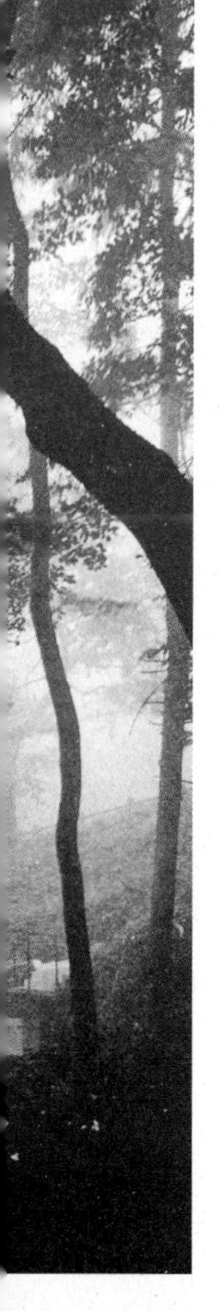

现；“风轮”（五十岚淳，2003）横向排列，“筑波之家”（石上纯也，2005计划案）纵向排列，建筑物一条直线延伸，根据距离远近使内部空间分节。

“塔之家”（东孝光，1967）是垂直立体延伸的象征，令人感到是解决城市小宅地的出路。而武井诚、锅岛千惠的“轮之家”（2006）是设于森林中的别墅区，展示出既不是路易斯·康（Louis Isadore Kahn，1901—1974，美国野兽派建筑师、城市规划师）风格，也不是吉村顺三（1908—1997日本建筑师）风格的新式别墅建筑方法。宅地与建造方法的适合方面，还蕴藏着更多新的可能性。

另外，埋于地下的中国村落、“阿·斯利特住宅”（Friedrich Stowasser芬德路道瑟，奥地利建筑师，1974）以及“维尔斯住宅”（Future Systems 未来体系，1994）等都因位于地下，使其建筑方法富有特征。

建筑物不是单体而是两个以上时，就会出现“关系”。“松川箱体”（宫肋檀，1971—1991）、“冈山住宅”（山本理显，1992）、巴黎的传统民宅、“森山住宅”（西泽立卫，2005）等都是将住居的功能分离或集中，由建筑物与建筑物的造型结构而产生空间。一栋的单体建筑物没有团组编队，含有一步一步边进行边考虑变化的游戏要素。

“巢鸭之家”（佐藤光彦，2004）立体分栋，三层楼的二层与一层中间插入室外空间，其采用立体组合游戏般的

项链住宅（NAP 建筑设计事务所，2006）

住居（丹下健三，1953）

形态，形成共有的缓冲带。看到这一立面会想：在这样狭小的地方，原来可以用这样的形式建造庭院。

“达伊玛凯西奥之家”（富勒，1927）、“伸缩门之家”（川合健二，1966）等的建筑方法完全没有地域性追求，只针对建筑物深入研究，实现最高级品位，不是“建成”，而是真正地“创作出”，是放在哪里都自豪的高度完美作品。

“萨伏伊别墅”（勒·柯布西耶，1931）为首的现代派建筑也体现了不拘泥于地域性的特点，以“浮上”为象征的自由建筑是“建在哪里都可以”的思想原型。“住居”（丹下健三，1953）、“蓝天住宅”（菊竹清训，1958）也都如此。这些“浮上”方式不仅实用，也表现了自由思想。

但“浮上”方式也同样是时代的潮流，到了“项链住宅”（中村拓志，2006）时，建筑已经不再是箱体，象征性也消失了，建筑“由0或1”的数码配置夹以墙壁这样的屏膜来构成了。

独具特色的建筑

建筑竟然有这般多种多样的设置方法。这样看来，建筑只作为单体进行设置的情况很少，都是与周围环境相互协调的结果，最终由周围环境来决定建筑方式。“浅草之家”（堀部安嗣，2006）以纯五角锥体形态，独自矗立在纷繁的街市，其周围极少有这种独特的建筑形态，该建筑也曾深入研究视线投向的方法等。可以说住宅具有地域特色，总是反映该场所的固有特点。尽管说是

“浅草之家”(崛部安嗣建筑设计事务所，2006)

“住宅区没有特征”，但我们无意识之中仍接受了建筑方式的熏陶。那么，最后再把视点转换一下，那样的建筑物若建在了你家旁边，你会感觉如何？建筑物内部是房主的私密空间，但外部却是面向公众的。构思建筑方式时，要顾及邻居的感觉。

只从形式上模仿显眼的建筑那非常简单，重要的是理解所见到的建筑，突然闪现的创意只是被其吸引毫无意义，要尽早让其问世。在决定建筑物设置过程中，仔细辨析土地的微小特点、偶然感觉到的异样苗头、传入耳中的房主窃语，要一个一个彻底地分析解决，这样坚持下去，最后你一定会描绘出自己的世界，建造出你自己独有的建筑形态。

坚信有一天会展现自己独具特色的建筑，现在要先在宅地图纸上推敲设置，摸索方法。

须永豪

06 车位

公私接壤之地

如何放车这也是一个问题，放在庭院一角，显得不合适，放入车库，需要技术，也不能各处随意停放。对车的感觉也因人而异，有人只是将其作为交通工具，有人则将其作为社会地位象征，有人则作为人生的爱好，每个人对“放车场所”的感觉都有极大差别。

土地、预算都有限，过于重视车就会侵蚀人的空间和庭院，把握房主对车的重视程度，为了有空间结构的配置、设计自由度，要充分保留住宅用地的可能性，这是每个设计师的所思吧。

电视节目“建筑探访”的主持人渡边笃史必定是步入画面中，在入口道路上，不论多么细微的“独特表现”都会以温柔的话语提到。道路连接部是个人与社会接壤的地方。种植花草、停放自行车、悬挂手工绘制的标牌等，若隐若现地表现出居住者的兴趣爱好。就连千篇一律地划分出的住宅区，公私相接的出入路也表现着各个家庭的不同特色。

道路连接部汇集着许多要素，连接门庭的出入路自不必说，自行车位、垃圾放置处、杂物间等等举不胜举，在其中还有停车位这样的难题。

现今，土地、入口都越来越小，车的存在感大了起来。所建

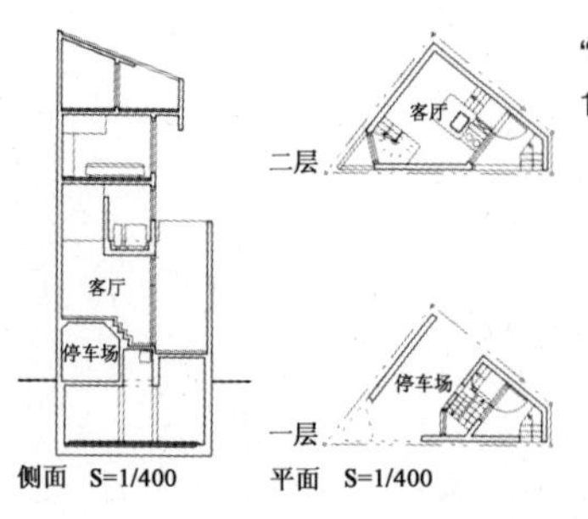

"塔之家"（东孝光，1967）

"超小住宅"（万工作室，1998）

造的用于出售的住宅，在划分为10坪（1坪约3.3m^2）大小的宅地上凄惨地排列着，入口狭窄，出入口及通路的设置方法令人首先看到车，好不容易买下来的住宅，却由车型替代了家的形象和门牌标示，我作为当今的住宅建造者对这种风潮感到遗憾。

土地与建筑比率和预算略有宽裕的住宅建筑，车放在车库，从外面看不到车。但车库所面向的道路由墙和铁拉门覆盖，形成漠无表情的孤傲气氛。豪华住宅区多是这种状态，道路两侧的高墙尽是铁拉门，遍布监视器，形成一种奇妙的紧张感。

既然要进行设计，将车位作为入口连接的一系列行为，考虑戏剧性地展开序列，使人感觉像听到了主题曲，那就会营造出电视节目"建筑探访"主持人的心情了。

车位也会影响建筑方法

建筑杂志几乎没有车位的外观照片，尽管感觉有的住宅"这里像是车位"，然而却像是强调"与该建筑没关系"一般，或是将入口通道终端延伸到车辆往来的街路，或是隐藏到了车库里。但其中也有重视放车场所的，介绍几个正面对待车位处理的事例。

把车位放入建筑中看一下，内部空间出现既非一层也非二层的层面，所以由此可以形成越层式建筑，上下空间连接可产生出宽阔的空间，这对于市区狭小的宅地很有利。

东孝光的自宅——"塔之家"（1967）也由设置车库开始构成建筑，看一下设计图纸就会很清楚，建筑的门厅比车库高出半层，

“我家”（阿部勤/阿鲁技术，1974）俯视图

“保土谷住宅 2”（佐藤光彦建筑设计事务所，2001）

从门厅起再向上半层是居室，其结构都是越层。在有车族并不普遍的时代，决定在仅仅 6 坪（1 坪约 3.3m^2），并且还是三角形的土地上，建造带车库的独立住宅，这是非同一般的见识，成为引导城市理想住宅的新潮流。

“塔之家”是东孝光在坂仓准三建筑研究所任职员时，在“新宿西口地下停车场”（坂仓准三，1967）任工地监理时所设计的，巨大停车场和狭小住宅同时进行，对今后的城市与住居开始了正面挑战。

“超小住宅”（塚本由晴、贝岛桃代，1998）以地板水平差作为建筑的关键。这是带半地下室的 3 层结构，一层伸出部分的下部，不高不低的空间正好可以容纳超小型车，车位与建筑合为一体，外观秀气可爱。

阿部勤的郊外住宅——“我家”（1974）展示出了路面的停车位。住宅位于琦玉县所泽市的新住宅区的边角地，在边角地空间的地面上铺砖，开车回家就停在那里，出去时直接穿行开出。在三角地设置栽植带，树木繁茂，以明确表示属私有领地，车也放入树影之中，不同于完全暴露的路面停车，是绿色笼罩的具有功能性的路上车位，若需要也可以设置顶篷。

“保土谷住宅 2”（佐藤光彦，2001）把“我家”和“超小住宅”的有趣之处结合起来。

宅地夹在两条道路之间，车能够通过，住宅的建筑物横跨在车位之上，很富有特色。傍晚，家人驾车归来驶入车位，建筑物

"我家"（阿部勤/阿鲁技术，1974）

"立川之家"（西泽大良建筑设计事务所，1997）

"HP"（米田明、建筑匠、池田昂弘、mias，2004）

电灯立即自动亮起，无声的建筑物像有人在里面，宛如科幻故事片"机器人"里的建筑。

"立川之家"（西泽大良，1997）的建筑物壁面立在道路边上，建筑物背对着市街，宛如守卫着都城的城墙。车像是被墙吸引而穿过隧道停在庭院里。像威尼斯运河沿岸住宅那样的设施设在自宅与市街之间，车辆由此往返，并明确区分自宅内外的不同空间。隧道在住居内部成为半圆桥，为居室与音响室分节。由这条隧道使家漂浮在柏油路的运河之上。

米田明的"HP"（2004）不是将车位放在建筑内，而是从一开始就为放车设置空地，建筑物的轮廓边线斜插上空笼罩车位，变形的建筑物也成了车位的外壳。

建筑物内放车的方法

可以见到有的房主因喜欢车而将车放入住宅室内，但若达到"F3 HOUSE"（北山恒，1995）那样的情况，就不如说是人寄生在车库里更贴切。对于沉醉于嗜好的人来说，这证明其可以舍弃住宅以获得自己人生价值的场所。

最后介绍两个感觉不到车位的建筑。

"押小路街屋 千众庵"（吉村笃一，2007）是为年轻夫妇改建的住居，建筑物立面入口仅4.8m，但组入车库却完全没有异样感。车库的出入口用原有的格子门，制成向上拉起式，作为街屋的颜面十分和谐。入口空间仅够车宽，车钻过时车门都打不开，

"F3 HOUSE"（北山恒、Architecture WOAK-SHOP，1995）

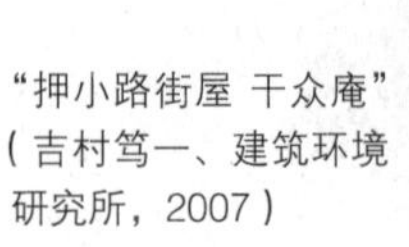

"押小路街屋 干众庵"（吉村笃一、建筑环境研究所，2007）

车停进库就横在门的前庭，在此才能打开车门。通过小小的前庭和格子，含蓄地确保了空间，使得市街与住居消除了唐突感。"上拉"的结构起到关键作用。车由街道上悄然消失，如果使用铁拉门就会形成拒绝街道的冷淡表情，3连、4连的上拉门消除了不快感觉。历经十一年的街屋与年轻夫妇现今的生活绝妙地平衡结合，感觉就像住宅从开始就是如此。

"Architecture + studio"（内村绫乃、高桥邦明，2001）中，SOHO的洁白办公室里，汽车与笔记本电脑、沙发一并摆放着，感觉协调，看上去极为自然。微型车自然地融入环境中，就像是复印机般的感觉。过去，厨房、厕所、浴室等是污秽场所，曾设置在人歇息的居室之外。但随着设备的改进，可以进入人的居室了。与此相同，无排气污染的电动车流行起来的话，"冰箱与滚筒洗衣机之间作为停车空间，从车尾箱取出当晚的食物，在厨事系统烹调"，这样的设计已经确立。车成为各自的私室，可各自从车里乘电梯去二层。看到这样的住宅就会想到这样的时代即将到来了。

建筑与车辆共存

车位最要紧的是能将车停进去，车库入口狭小时，要了解前后车轮轴距与最小旋转半径，描绘车的轨迹图加以确认。车道有坡面、路边石砑的情况时，要注意会不会擦碰车底，车库自动拉门的遥控器频率会不会与邻居相同而导致错误动作。夜里出入车库的照明、备用轮胎及洗车用具的摆放空间如何、在哪里洗车、

“Architecture + studio”（A studio 内村绫乃、高桥邦明，2001）

水龙头的位置、木板台的上下处、有无蚀锈伤及车体涂层等。现在，一般各家都有一辆车，这被认为是住宅设计的常识。但实际上设置车位的历史短浅，必须自己预测容易发生的问题。

经常有房主要求“从车里取放东西时希望不被雨淋”。乘轻轨上下班，周末想飙车，正从车里向外拿东西时被雨淋了，这种概率有多大？如果预算不多那只能说：“先忍一年看，如果受不了，再加盖遮檐不迟。”仔细考虑一下，如果买一辆二手车花80万日元，却为它花200万日元建造车库，总觉得这有些不合算，车的价格比地皮面积的建筑价格便宜，并且还会跑。为其造车库这也许是因为对车的喜爱程度不同所致。

不过，我们感到最根本的不协调，并非是因车大难以入库，实际上是车的优美曲面和光泽。在内装方面，空调涂漆、冰箱贴着最新潮的贴面，而建筑的低技术性及自然材料与车有根本的不同，若是可以在车体贴板条、涂灰浆，那会是怎样？首先使光华的车体粗糙生锈，我想一定会与建筑相协调。

须永豪

二条城的两个圆形御殿大空间（引自：日本建筑学会编《日本建筑史图集新编第2版》，彰国社，2007）

07 阶层结构与动线

什么是阶层结构

阶层结构就是具有等级性秩序或金字塔形组织结构的概念。多个相同要素组织在一起时，产生主从、上下、前后、远近的对立性质，这一性质阶段性变化时，称之为"阶层结构"。总裁、局长、处长、科长、职员这样的公司组织也是阶层结构组织。不同行业交流网组织是不存在阶层结构的组织。

建筑中的阶层结构是怎样的呢？譬如，二条城两个圆形御殿，设有上段空间与地板空间，按照其身份严格规定所处位置和举止，这是封建社会的阶层结构。伊势神宫也建有多层重围的领域，使参拜者有逐渐踏入神圣领域的感觉。这可以说是根据宇宙观及宗教观所产生的神圣与凡俗的阶层结构。另外，对于公寓中分隔出各个单元的结构墙壁、地板、梁柱等主要结构来说，住户内的非耐力壁隔墙是次结构体，这样的结构也可以认为是结构的阶层。

当今好像并不流行从阶层结构来考虑和论述建筑。人人都有电脑、手机，总是与网络信息空间连接着，以往的社会关系秩序崩溃了，过去形成的权威动摇了，文化的中心及等级观念正在消失，有人怀疑在所有事物都平等化的时代，提起空间阶层结构究竟会有多大意义。

但后面马上就会论述，建筑设计中只要有复数的领域、有空

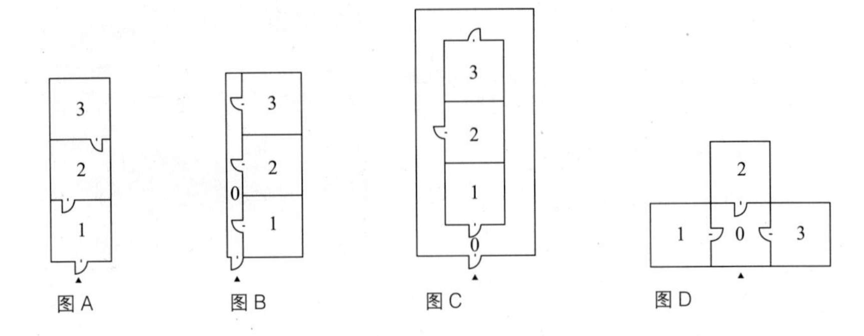

图 A　图 B　图 C　图 D

间分节、有并列和连接，就必定会有阶层结构。并且，我们走进现实建造的空间中，使用建筑就不可避免地会产生出前后的阶层结构，有意识地操作这些要素，可以说是建筑设计的基本，设置建筑的空间秩序是最基本事项。假设尽管不是固定化的秩序，以阶层结构的观点观察修正空间的关系性当今也依然有效。

根据不同动线表现阶层结构的方法

在此探讨规划时出现阶层结构的问题。有关动线的设置方法与空间接续方法的阶层结构如何出现，以下通过平面图形来进行认识。

因动线接续方式的不同，房间特点会发生很大变化。例如，图 A ～ C 都是同样的 3 个房间纵向排列，但动线不同。图 A，向深处的房间走必须通过前面的房间，阶段性（= 阶层结构）最强。图 B，通过长走廊进入各个房间，走廊与各个房间关系相同，所以可以说 1 ～ 3 的房间都是平均质。这样依照动线的不同设置方法，出现进入房间的不同难易度，于是产生出不同的阶层结构。

在此必须要注意的是在图 B 中，若考虑"从主要入口的距离"这一要素，就出现了与主要入口的距离近、远的房间这样的阶层结构。假定走廊是一个均质的空间，可以说 3 个房间等价，但若是我们进入现实的建筑物中走动，这里假定的均质空间有必要加以注明："只能是出自抽象的思考"。

改变房间与动线领域的配置或形态，同样的 3 个房间也会出

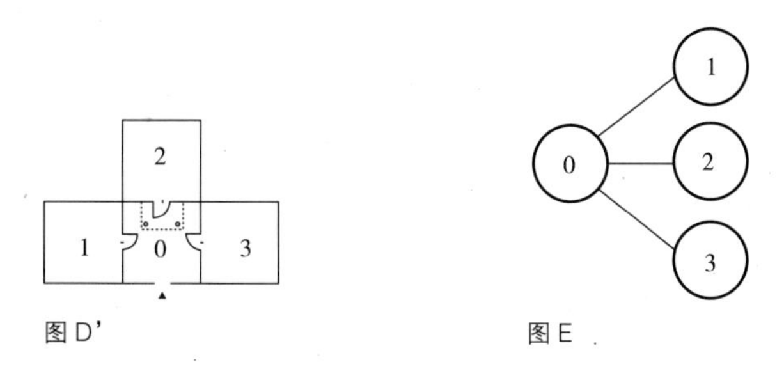

图 D'　　图 E

现特性变化。图 C 包含动线领域，图 D 由 1 个大厅型房间可以进到任何房间。图 B、C、D 与图 E 的图形同样都是抽象的阶层结构。虽说是同样动线决定的空间形式，但实际上，知觉感到的阶层结构有变化。图 C 中，房间 1、2、3 的包围意识强烈，对此，图 D 中，0 成为“中心”的“主要空间”，可以进入到任何房间。

但是，“中心”也好，“主要空间”也好，在现实设计中绝非仅靠排列就可决定的。假如图 D 稍加操作，在房间 2 的门前竖起 2 根柱子，加上遮檐（图 D)。仅此就强调了由外→ 0 → 2 的轴线，房间 1、3 与房间 2 明显出现差异，比起房间 0 来，房间 2 的深度提高，由此产生出阶层结构。

这样根据不同的房间排列与动线设置的方法以及远近、大小、高低的对比，还有柱子、墙壁、屋顶、开口部等建筑要素的运用，或使用符号、象征以及装饰要素，通过对动线带来影响的设计，可以对阶层结构进行种种操作。也可以说建筑设计就是通过这样不断地反复操作而给予场所特性的。

塚本由晴“没有‘深度’的家——构成现代日本住宅作品的修辞”（《住宅建筑》1999 年 10 月刊）中列举建筑师的作品（安藤忠雄“住吉的长屋”、西泽文隆的“无立面的家”、妹岛和世的“森林别墅”等许多作品），分析了根据动线形成房间的接续关系，分析了在建筑师的平面中如何构成远近关系。

塚本甚至没有使用“阶层结构”一词，只是以动线的阶层性具体分析了建筑作品，建筑师应如何对待建筑规划中难以避免的“深

樱台住宅（长谷川豪建筑设计事务所，2006）阶层结构分析

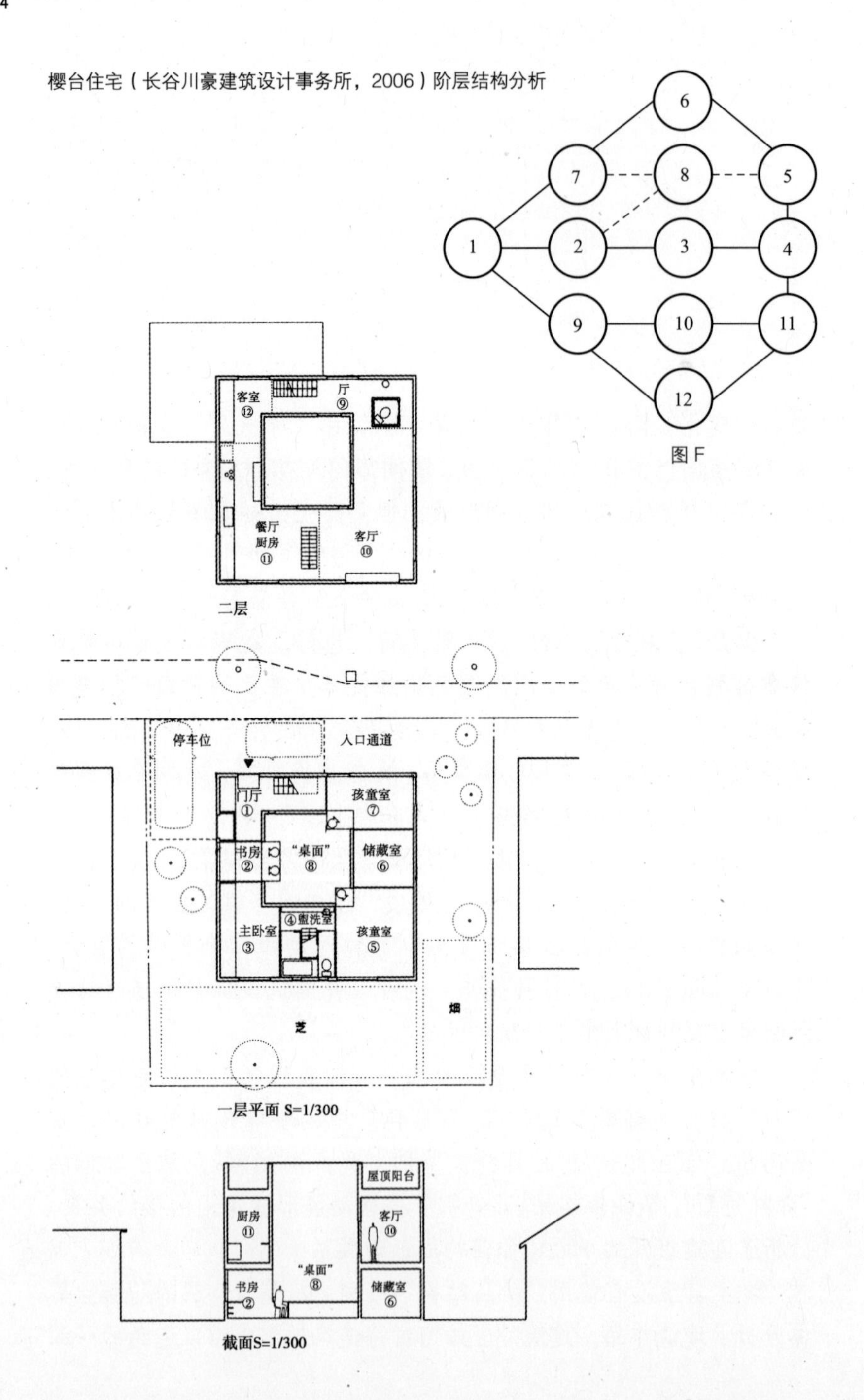

图 F

度”，整体如何分节、统一。由此，提出了一种理论表述的方法。

最近，年轻建筑师的作品中，常常回避明了的阶层结构，尝试设计制作无阶层的结构。例如，长谷川豪的樱台住宅（2006），长方形的平面中央设置了 4m×4m 的 2 层竖井空间，其约 70cm 高度的地板称之为“桌面”。按照刚才塚本的分析方法，将这个平面的阶层结构以图 F 表示。从门厅来看，4、5、11 在第 4 个阶层结构的位置，由于采用回游方式的动线，而使所有空间避开了成为终点的“深部”。动线的选择方式有很多，近与远总是相对的。另外，“桌面”的上部是天窗，可以看到天空，也会产生出半外部的印象。“口”字形的生活空间中心里设有外部结构，这是典型的有中庭的住居。通过地板高度与采光的操作，长谷川在这里创造出既是地板也是桌面、既是内部也是外部、既是家的中心也是单间的周边这样的双重性空间。

阶层结构的多种应用

假如我们被邀请到别人家，要去厕所时不知该怎么走，自然会产生哪里不能涉足的感觉，这属于公私间的阶层结构。

《模式语言》中有“亲密度”的变化状态，亚历山大等说：“建筑物内部的空间根据私密度排列顺序，来访的外人、朋友、客人、知己、家属等经常感到有些迷茫。”并且，“建筑物的各个空间排列顺序，由门厅这一最公共的部分开始，逐步进入到私密领域，最后进入到最私密领域。”

樱台住宅（长谷川豪建筑设计事务所，2006）

“家——房子”（安井正 / 工艺科学室，2003）右图：内观 左图：轴测投影图

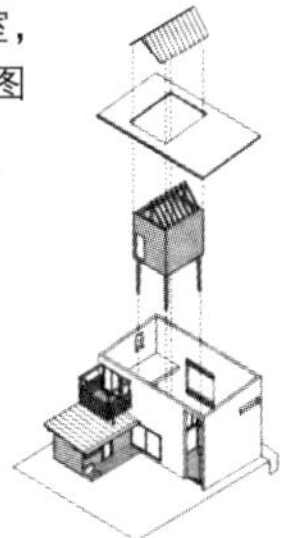

模式语言中还有其他许多有关阶层结构的问题，例如“阶段性的动线领域”、“主屋”、“亲密度的变化”、“中心部的共同领域”、“通过的屋子”、“短走廊”、“夫妇的领地”、“休息空间的连接”等模式。有关各个模式的详情可直接阅读《模式语言》。在这些模式中，设计住宅时，通过领域及其接续关系、开口部、高度等各种各样的建筑方面的操作，创造出场所特性的同时，形成充满多样性的整体，这样的创意线索很多。

我设计的“家——房子”（安井正，2003）中，以各种各样的模式形成了整体，在考虑部分时，也运用了模式语言。像是立方体的大箱子里滑进了小屋，以“复合建筑”、“主屋”、“夫妇领域”这样的模式展开创意。另外，从街道通向庭院的通路中设置了门厅，这是有意形成“半遮蔽的庭院”、“入口转换”的空间模式。

把模式语言当作一种设计手册来读，原封不动直接用于设计会不伦不类，会使模式语言的作用丧失。253 种模式是有关设计问题分解方法的一例。如同在汪洋大海般设计过程的各个要点处，像海图般标示出哪里是锚位，各个设计者依靠这一海图，由自己判断应向哪个方向。另外，将这一海图改由自己描绘，由此也可建立自己的设计方法和形态。在这一意义上，可以说模式语言在现代也依然是可以循环使用的教科书。

安井正

08 聚集的场所、独处的场所

现代住宅的个人居室化

不论设计师如何决定“聚集”或“独处”的场所，在实际生活环境中在哪里如何“聚集”、如何“独处”都是个人的自由。全家除自己以外都出去了，整个家就都成了一个人“独处”的场所。

朋友来，在孩童室玩，那里便成为聚集的场所。假如全家聚在一起，其中一个人专心致志于手机信息，这一时间便完全成为其个人的独处，或者是进入完全不同的群体、场所之中。人“在某一场所”的状态就是如此容易改变，变化多样、难以捕捉。然而，现在许多人说“客厅是家人团聚之处”、“睡是在寝室”、“吃是在餐厅”，这种情况只能作为场所分隔理解。

“餐厅”、“浴室”这样按房间的功能分类，给每个房间一个功能，这样去理解、考虑房间，称为“功能主义”。这种想法的普及并不久远，现在经常使用的LDK（Living room客厅，Dining room餐厅，Kitchen厨房）的房间定义也是最近三四十年才开始的，追溯源头是在20世纪50年代，二战后不久的时候。

当时，日本人是在榻榻米的房间起居，把被子收起来放上小桌就可以吃饭。这是普遍的居住方法。与其说“睡”与“吃”的功能是复合的，不如说“睡”与“吃”是时间错位的连续。二战

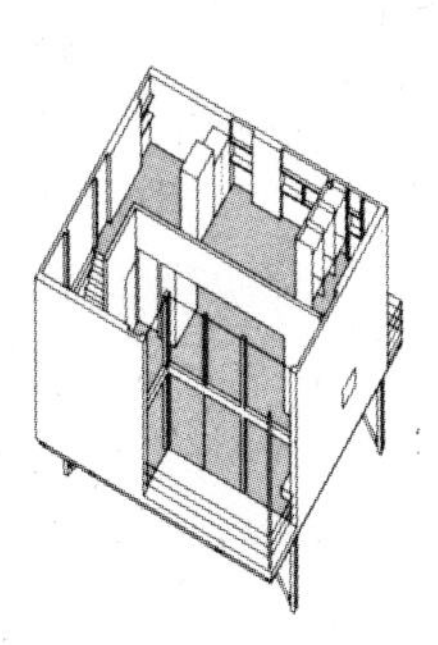

“箱之家——58 并木住宅”（难波和彦、界工作室，2002）

以后有所谓的“专家”说：“每天被子收起来再放下，矮腿小桌收起来再放开，在榻榻米上吃饭，很不方便，没有秩序，必须改善为合理的生活。”因此，为睡觉的空间“寝室”和为吃饭的空间“餐厅”必须分开，称为“食寝分离”

20 世纪 50 年代，大学的研究人员、建筑师提出了其他的改善生活提议，主要内容是：父母和孩童在各自房间睡眠的“就寝分离”；盘腿坐在榻榻米的习惯改变为使用桌椅的生活方式；普及燃气炉、洗碗池、热水器、冰箱等现代化设备。在昭和经济高速成长期，那些改变日本人传统生活方式的提议在大量建造的居住区——“团地”中表现出来，作为现代的新生活方式被人们所向往。

20 世纪 70、80 年代，随着时代变化，住居方式向个人居室化发展，孩子长大了每人具有单独居室的情况增多，为了满足这种需要，LDK（Living room 客厅，Dining room 餐厅，Kitchen 厨房）型的住宅普及。LDK 的普及是靠企业的广告战略等经营活动，感性标准刷新，自古以来全家聚集在“茶间”的住居形式显得陈旧不堪了。总之，随着社会高消费、信息化的发展，出现了个人居室单元。生活中有了收录机、随身听、电脑、手机等，才可能在个人居室里沉醉于自我的世界。

三个事例：一体化空间、个体与社会的关系、多样关联性的织入

在这样的时代，建筑师构思怎样的住居方式呢？

首先看一下与个人居室化对抗的“一体化空间”的事例。难

“立体最小限度住居——住宅No.3”（渡边阳，1950）

波和彦的“箱之家——58 并木住宅”（2002）是年轻夫妇带有幼童的家，这个住居通过开放的竖井使居室整体形成了一体化的空间状态。没有可以通过门、隔障的关闭使空间独立的单独居室。“一体化空间”在战后不久的20世纪50年代也曾建造过，那个时代，建筑师通过小住宅来提倡生活与住宅生产合理化。难波的老师渡边阳也发表过“立体最小限度住居——住居No.3”（1950），对后代产生了影响。“立体最小限度住居”也通过开放的竖井，将二层的书房和一层的客厅、餐厅形成一体化空间。难波说：看上去二者像是在追求同样的空间，而实际上是追求不同的空间。50年代的当时，旧的父亲家长制度正在解体，与之同时，池边等人提出开放的“一体化空间”意味着平等、民主的家庭关系。而现代的“一体化空间”使固定化的LDK（Living room 客厅，Dining room 餐厅，Kitchen 厨房）型的住宅空间再次走向解体，这也可以说是随着现代家庭制解体而产生出的空间表现。

第2个是重视个人居室的事例，但不是封闭于家中的个人居室，而是向地区社会开放。吉井岁晴的“须磨、天神町之家”（1997）是30岁的夫妇与60岁的父亲、20岁的妹妹共同居住的家。宅地竖纵方向一分为二，二层设置为细长的LDK（Living room 客厅，Dining room 餐厅，Kitchen 厨房）型住宅。这里由3个越层的独立单元构成。父亲的文案工作多，与当地的联系深，来访的人多。所以，使用最靠近道路的独立单元。房间1与房间1′通过楼梯上下连接。一层是向当地社会开放的场所，二层是家庭内交流联系

“箱之家——58 并木住宅”（难波和彦、界工作室，2002）

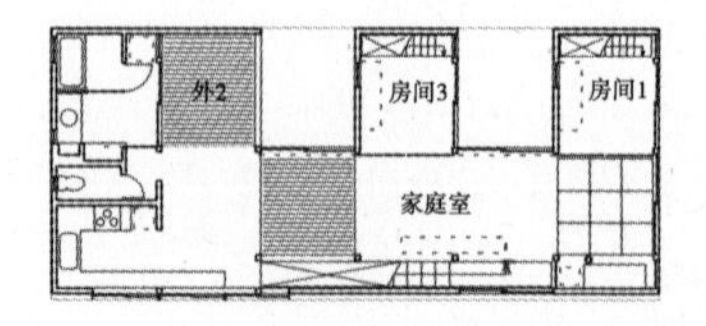

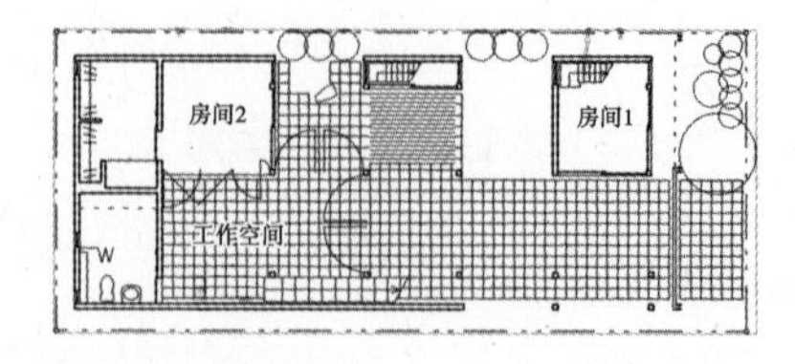

二层　　　　　　　　　　　　　　一层平面 S=1/400

“须磨、天神町之家”（WIZ ARCHITECTS 吉井岁晴，1997）

的场所。通过这两种场所的联系方式，使得父亲〝自己的居室〞表现出独立性。中央的独立单元（房间3）成为二层面向家庭居室的走廊状空间，尽管是独立的个人居室单元，却是作为开放的家庭居室的一部分具有机动性，这个单元的一层是露台，可以设想出各种各样的用法。吉井希望这家人家各自独立的同时，又具有随时的家庭联系，可以相互调整家庭关系的距离。是在与户主多次详细对话的基础上，仔细设计出的建筑，是对社区开放的项目。

第3个事例是德国建筑师汉斯·夏隆的〝Baench house〞(1935)。距今70余年前建造的住宅，与现代日本状况毫无关系。为什么在这里要提到它，是因为我认为，夏隆与富高·海林格一起实行的有机的功能主义方法论中，有现代状况下必须要学习的东西。

看一下这个设计，斜线与曲线形成的不整形引人注目，单从功能角度来看，一层是门厅与LDK（Living room 客厅，Dining room 餐厅，Kitchen 厨房）、书房。二层是3个LDK型单元居室的设计方案。但仔细琢磨这个不整形设计方案就会发现其中编织进了各种各样的关联性。因为是建造在绿郁葱葱的坡地，所以其地形与眺望相呼应，形成扇形分节。居室的段差，曲线配置的沙发，圆弧形的开口，平顶天棚与照明器具富有节奏感的配置，钢琴摆放的空间伸向室边，温室的绿色空间插入，独立性较高的餐厅空间与书房设在客厅两

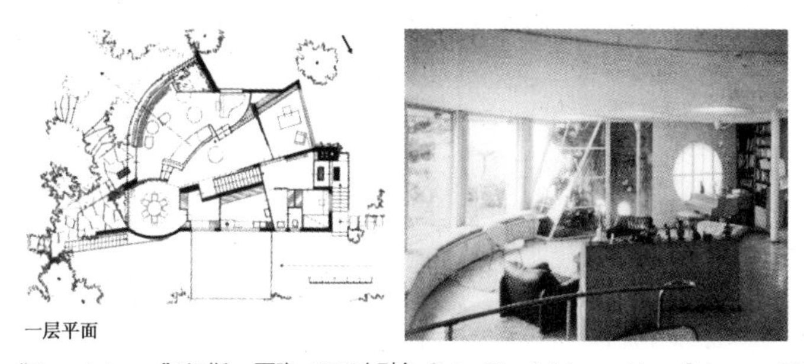

“Baench house”（汉斯・夏隆，1935）（引自：Peter Blundell Jones ,Hans Scharoun, PHAIDON 1995）

“须磨、天神町之家”（WIZ ARCHITECTS 吉井岁晴，1997）

柏林国立图书馆（汉斯·夏隆，1978）

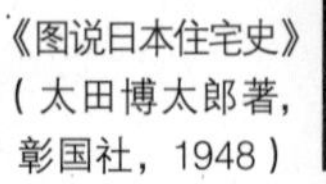

《图说日本住宅史》（太田博太郎著，彰国社，1948）

侧，一方面是圆形环抱，另一方面是墙壁、家具成直线以遮蔽外部的视线。在这里由多样的场所分节，同时又保持关联性，各部分相互具有有机的联系。

柏林的国立图书馆（1978）也是汉斯·夏隆的作品。我造访这里时产生了奇异的感觉。明明是在建筑物内部，但却没有这种感觉，说过分一点，像是在城市中，近乎于在涩谷车站的通道的感觉，各种人流、事物同时随意存在，不断流动变换。在夏隆的柏林国立图书馆的空间中，期待着前面将会出现什么，有在城市喧闹的街市行走的乐趣。因为是图书馆，所以尽管许多人聚集，但却各自活动，查找书籍的，或坐在椅子上聚精会神阅读的。既是易于聚集的地方，也是个人独处的场所。夏隆的住宅作品中不是也有这样的空间特性吗。

从历史和古迹中学习规划

设计规划水平有高低，这也是才能的高低，天份是生来具有的，只苦恼有无天份也无法开始，只有相信自己的可能性而踏踏实实地努力。

学习设计规划的最好方法是从历史中和从优秀作品中学习。介绍两本学习设计规划历史变迁的书。

《图说日本住宅史》（太田博太郎著，彰国社，1947）是日本住宅从古代至近代的通史，是最适合入门的书。从原始的竖穴住居，经过正殿为中心的寝殿结构的建造，到有会客、讲学

《房间设置百年——学习生活的智慧》(吉田桂二著 彰国社，2004)

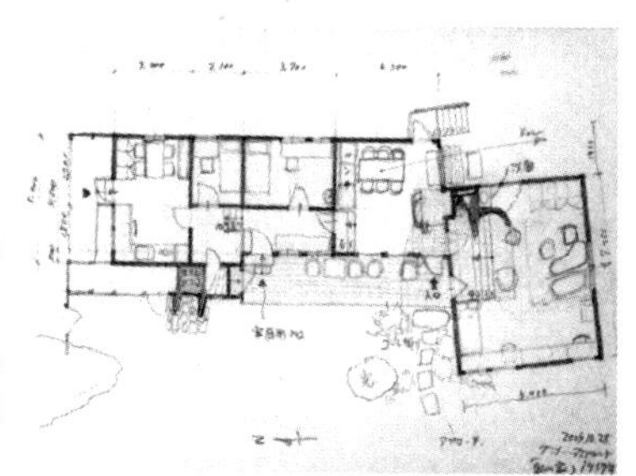

复制图的训练速写。阿斯布鲁德“夏之家”的平面，旅途中体验的同位空间。对照资料复制，体感的尺寸与图面的尺寸相对照。

空间的书院式住宅的建造，庶民住宅的街屋与农家以及确立过程、技术、室内创意的发展等，给我们以整体知识。图片丰富易于理解。

《房间设置百年——学习生活的智慧》(吉田桂二著，彰国社，2004) 从明治中期到现代住宅房间设置的变迁，作者自己描制了很多图进行说明。所有事例都来自人们的生活。俯视的结构透视解析图中，详细描绘了家具及装饰物品等，可饶有趣味地阅览当时人们的生活以及了解住居如何使用，特别是现代住居引入之前，如何在榻榻米的连续空间中生活。这样形象具体的资料并不多见，所以说该书是解读生活的珍贵资料。

从书籍中获得的知识固然很宝贵，但这并不等于亲自动手。自己喜爱的作品，认为好的住宅平面，复制下来会有种种发现，可以学到很多东西。但如果只是复制，那就跟废纸一样没有意义。应随手就画，尺寸比例要适宜，按照1%左右大小的图绘制，积累之后可相互比较。建筑师制作该设计规划的思考也可以复制出来，很能锻炼自己。

一位令人尊敬的建筑师曾赠给我一句话:“对建筑的过分思考是危险的。”读书、积累知识，不仅用语言思考，还需要去动手体验，这是很重要的。

安井正

09 内外交织

内外如同双胞胎

“麻烦！麻烦！我是他，他是我，里表阴阳，相似相仿。”如同人们陷入两对双胞胎“辨认戏剧”中的一幕。“因为有内才有外，从里面看是外面，从外面看是里面，内与外究竟是怎么回事？”内外如同双胞胎，缺少一方另一方就不成立，总是同时存在。

内与外的关系，与建筑方法及文化背景也深切相关。西洋的砖石结构建筑，内外分明，内部为宇宙＝建起外部，由此区分自己与他人，产生出“自我”的概念。并以自然为对象，发展起了科学、技术。

与此相对，东方以柱梁建造的木结构建筑，内外相接，巧妙结合。柱梁围起的空间没有绝对的境界，建筑自身与自然相连接。并且，也与草木、石、山等所有事物都含有神灵的思想联系着。

观察一下禅寺的方丈居室与石庭、街屋的室内与坪庭等内外关系，如同一根根丝线编织成的编织画一般美丽地交织在一起。

庄子《蝴蝶梦》中的故事：阳光明媚的春天庄子做了一个梦，忽然觉得自己变成了蝴蝶在花丛中翩翩起舞。庄子在梦中变成了蝴蝶忘掉了自己，空中起舞玩乐，觉醒后又回到自我。究竟是自己在梦中变成了蝴蝶，还是蝴蝶在梦中变成了庄子自己？这有无区别？

最终，庄子也好，蝴蝶也好，都一样。在现实中，事物有存在形态才有可能加以区别。庄子将此称作“物化”。想象的事物都是没有依据的，所以都一样。内外关系也是这样。

住宅设计中以墙壁、柱子、开口部等调整内外关系。图纸上画的一条条线具有意义，形成了内外关系的秩序。

譬如，将外部引入内部的中庭或坪庭、为引入庭院的绿色及远处的风景而设置的取景窗、室外侧廊道、走廊、宅内的地面空间、间隙空间等难以区分内外的中间领域、玻璃面和门窗等直接连接外部的开口部、庭院设置白砂使月光反射入室内的方法等，也都是很讲究的内外相连的方法。用于铺设庭院的假山水的白河沙多含有云母，夜里反映月光，折射进房檐、屋顶内侧，也可以使内部形成阴影效果。

“内外交织”会影响到居住者的感觉，甚至人际关系。例如，过去的住宅有“缘侧”（室外侧廊道），“缘侧”是观赏庭院的中间领域，邻居及亲友不通过门厅也可以随意进到这里，也是不拘形式的交流场所。“缘”是“联系”，也有“周围”的意思。即“缘”是内与外、人与人相联系的场所，同时也是境界。现在东京的旧城区以及大阪的街屋等，邻接的晒衣台、室外边台、摆设盆栽的私路等，内与外浑然交织的生活空间依然存留着，生活在那里的人把这作为室内的延长、信息交流的场所加以利用。看一下各国的城市、集落，西班牙的中庭（patio）、中东的小路空间、中国的四合院、韩国的前庭院等，都是内与外、公与私交织的富于魅力

“无名舍”（1909）

的空间。

随着现代化的进步以及防盗、防火、高气密度、冷暖气设备、私密等的要求，住宅越来越封闭起来。思考与自然对立的方法、情绪、精神是危险的。但是，在住宅领域中，建筑与土地，进而土地与周围建筑物和环境的关系依然不相吻合。即，存在〝图与地的关系〞。〝图〞的部分是建筑物，〝地〞的部分是建筑物以外的余白。也存在〝图〞与〝地〞都不包括的场所，以及〝图〞与〝地〞都介入相交的暧昧部分，并且由此产生出各种各样的可能性。要观察住宅用地的特征，考虑内外关系。

庭院的设置方法——坪庭、中庭

庭院的设置方法根据目的及用户的意愿，其意图和设计有所不同。作为内部延长的庭院、借景的庭院、开放的庭院、环围的庭院以及住宅与道路之间的间隙，设置空白余地或进行栽植等，以多种方式与街市协调。在此看一下内外交织的事例。

京都、市町有〝无名舍〞（1905）是典型的街屋造型。所谓〝街屋〞是京都街市中建造的住宅形式，其开口小、进深大，被称为〝兔子窝〞。其建于城市中心，所以3个方向被建筑物包围住，只有前面的道路是唯一与外部连接的出口。这是由夏热冬寒的风土特点及自古的习俗形成的。无名舍中有两个坪庭，一个小的阴暗坪庭，一个大的明亮坪庭。阴暗与明亮坪庭之间产生温度差，有温度差就会出现气压差，气压由低的场所向高的场所流动，结

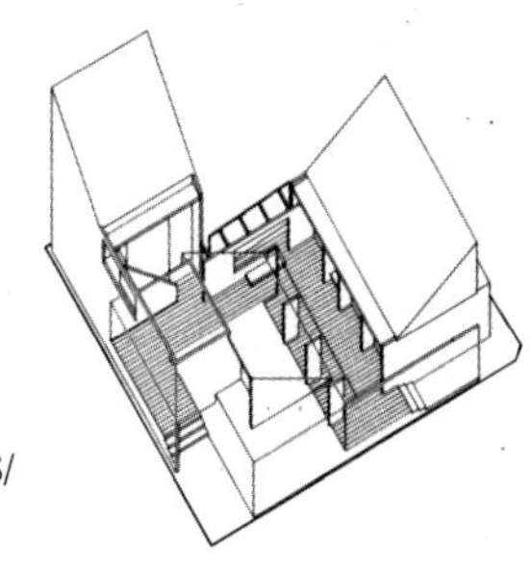

Hu-tong House（岸和郎、K.ASSOCIATES/Architects，2002）轴测投影图

果在住宅内由小的坪庭向大的坪庭“微风习习”流动。坪庭不仅是为了美，也是生活的智慧，并进一步与室内环境相关。岸和郎“有关中庭”（《住宅特集》2002年11期）中做了如下论述：

“中国的四合院中庭如果说是积极实用的空间，那么韩国的前庭院是积极空间的同时，还导入了仪式因素，带有形而上学的样态。日本的街屋则以“庭院通道”突出了内外连接的转换空间，“坪庭”的状态几乎完全是“庭＝自然＝世界”。也可以说是内部的自然化。在住宅这一内部空间里，强行导入“外部＝自然”这样的公式。这里的问题不是“外部＝自然”的意思，而是其导入方法，即组合的问题。”

在城市中，自然景色被完全改换成人工的，宅地旁边电线交错，房屋近旁是邻居的空调机搁置地，摆放着的观赏植物及树木成为内装饰的一部分，这些新的“外部＝自然”与住宅将形成怎样的关系，这是今后设计时要考虑的课题。

借景

开口部及窗框可看作是画框，引入远山、风景及市内的景色，就是借景。“圆通寺”（1382）是经过长年寻求，最终找到比睿山最美景色的眺望场所而建成的，庭院没有界墙，只有树墙。近处的假景、树墙与远景的比睿山交织在一起。由此，远近透视法略有变形，出现了抽象画的效果。

即使被邻宅、公寓包围，也可以引入前面道路的街树，邻居

圆通寺（1382）

的庭院、高窗之外的蓝天、晚霞、天窗之上的星空、城市夜景等。周围的风景可以作为借景引入室内，认真观察宅地周围的环境，考虑窗户或开口部的确切位置，从清晨到深夜，一天的光照情况，从宅地看到怎样的风景，了解季节变化等情况，在图纸上标出邻居窗户的位置及道路树木等，也要观察模型以丰富想像力。

进入工地后也有要注意的问题，架设屋顶栋梁时，在窗户或开口部的位置用胶带贴出原大的窗，这有助于再考虑高度及眺望方向等。

改建时，向常年居住的住户了解情况极为重要，在哪个位置眺望心情愉快、何处是邻居的厨房会有气味飘来、邻居房顶的反光及光照状态、风如何通过等。在某个改建计划中，通过与住户谈话，得知冬季空气清澄时，可以望见富士山，这若不在此居住是无法了解的，当然要设计住宅的小窗以取入富士山景色。

中间领域——房檐下、室外侧廊道、宅内的地面空间、凉台

中间领域是连接内外的场所，难以确定是内、还是外的暧昧场所，可以说是等待、准备的空间，

house N（藤本壮介建筑设计事务所，2008）

与日本独特的感性及表现方法相关。

市中心地区因宅地狭小、防盗、近邻关系等原因设计中间领域比较难，但若将住宅立体化考虑，可以发现与室内连接的凉台、露台、地下室周围的防潮空间、壁与壁之间的狭缝、透进外光的楼梯间、屋顶的晾衣台等，这样内与外交织的场所。由玻璃、栏栅围起的空间也应该是中间领域吧。随着技术及设备的发展，新的中间领域也不断产生。

藤本壮介的"house N"(2008)是由3个箱体围成同样的盒状结构，第一个箱体是把宅地整体围起的RC(钢筋混凝土)箱，第二个箱体把住居部分围起，再进一步在其内部用第三个木制箱体围成房间。各个箱体上杂乱开启数个开口部，形成箱体与箱体连续围拢的奇妙关系。藤本壮介说"建筑不是建造内部，也不是建造外部，而是建造内部与外部不明确的丰富场所。"

竹原义二的"101号家"(2002)在大约100m^2的狭小用地上，大胆地设置了小路、庭院、宅内的地面空间、天空这样的外部空间。竹原义二说"每次设计都大量增加外部空间。"内部与外部空间的关系有如此之大的可能性。对建筑师来说是饶有兴趣的课题。

内与外的难点

住宅设计中，经常遇到内与外问题的困扰，一块板围起的部分为内部，没围的部分为外部。但一块板＝壁，原本没有"里"、"表"，根据所给予的"围"或"隔"的作用而产生出"里表"的

“101 号家”（竹原义二，无有建筑工房，2002）

两面性，“里”为内部，“表”为外部。当然，也出现难以区分的空间部分。如同庄子所说的那样麻烦，内部与外部颠倒的情形也会出现。使其具有何种关系性，这与建筑表现也有关联，内部与外部的关系就是这般密切与深奥。

吉原键一

10 序列的表现

序列的愉悦性

带着两岁的孩子去公园，愉快地玩滑梯，爬上滑梯得意地站在台子上，从滑板上滑下，不断地反复玩乐着。

大人也体验一下，首先爬上楼梯，离开平常走路的地面置身于空中。从日常情形中摆脱出来，体验非日常的事情觉得很愉快。爬上台子顶端的满足感、与平常不同的视野展现，觉得很新鲜。滑下去，体验稍有点可怕的速度感，这样一连串的身体移动与不断的感觉变化令心灵跃动，这种一连串的体验正是序列的愉悦性本质，在孩童的玩滑梯上也完全体现出来。其中有任何人都能感到的一般性序列的愉悦性，在街上散步或爬山所感受到的也是同样的序列的愉悦性。正因为城市与自然环境有所不同，移动身体上上下下，才能感受到时刻变化的视野及风光等，从狭隘的地方陡然来到景色美丽有开放感地方，从黑暗的隧道猛然奔出到光线明亮空间时的明暗对比感觉等等，其中有多样的戏剧性变化的共同身体感觉。

序列的愉悦性不仅是戏剧性的空间体验，也存在于视线所向的细部。走在希腊的古聚落，或走在东京老城区，看到现在依然生气勃勃的街路，感到愉悦。衣物晾在外面，孩童游乐的情景，盆景栽植花朵怒放，所接触到的日常生活情景自不用说，低矮的房檐也给人以亲切感，窗格子纤细的铁框可以感到以往工匠的气质，视线所向的细部也会有各种发现的愉悦感。

将序列的愉悦性融于设计之中

怎样才能在住宅设计中融入旅游或日常生活的体验，以唤醒沉没于记忆中的序列。这只能求助于研究平面图或截面图，发挥想象力，宛如在其中徘徊一般。视线所向会看到什么、光线与空气怎样流动、材料的质感与规模感如何，想象现实的形象。有的建筑师描绘组件斟酌思索，也有使用模型的情况。思索在模型与图纸中徘徊，设想〝那时光线洒落在这条石阶路上的影子〞，寻求这样的遐想空间与场所记忆重合的瞬间。

总感到空间的体验无法应用于以后的设计。对此有必要进行进一步的意识分析。什么事物因为怎样的原因才能出现这种效果。自己要进行有说服力的分析，即自己感到〝美好〞或〝出色〞的场所、空间，要停住脚步思索其理由，〝为什么好？〞分析也就是考虑要素及其组合，或是了解要素与要素的关系，是理解事物的结构。达到这种程度，某一瞬间的体验以后就会以其他形态再现。

例如，太阳光照在某一个面上，这个材料面上有凹凸，由此产生影子使表面洒上美丽的暗影。云遮住阳光的瞬间，其影子瞬间模糊、游动，然后光和影再次柔和浮起。在这一瞬的体验中，有阳光、材质的凹凸、表面的影子、云的流动，还有观察这一切

“萨伏伊别墅”
（勒·柯布西耶，
1931）

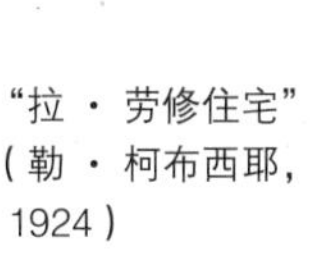

“拉·劳修住宅”
（勒·柯布西耶，
1924）

的自我等这些要素。云移、光影的变化在自己内心的反映，我们可以理解这些事物的互动，要捕捉事物的要素及其结构关系，建筑师要将瞬间感到的美再现于某处，不断分析性地眺望环境，像是一种职业病。

由序列解读住宅

住宅之中组入怎样的序列，从具体的建筑作品来解读。

首先观察勒·柯布西耶的“萨伏伊别墅”（1931），进入门口，正面缓坡弯曲上延，由此自然地引导人走向幽暗的建筑物深处。但弯曲路侧的三角形窗照入光线，视线向上可达到天空。回转向上行，视线所向的中庭与天空更为开阔。玻璃框设计成较小状以强调水平线。行走在弯路上，沿水平移动缓缓向上，玻璃的横线与视线的移动相交，弯路到二层终止。回头一看，深处涂成黑色的壁面与那里开启的门以及在风中摇动的窗帘与窗外远处的绿色映入眼前。能够目视到黑色壁面空间之外的朝云晚霞。壁面的色调划分似无意识地表示领域的不同，同时有助于提高纵深感效果。想象将其全部涂成白色，会感到效果更强烈。

也同是勒·柯布西耶的“拉·劳修住宅”（1924），这是带有画室的住宅，以弯曲的坡路而著称。其中到处都编织了序列的表现。弯曲的坡路把画家的两处画室以缓缓的步行长路连接起来。两处画室的一处是制作场所，直接面向庭院，是画家战斗的场所。

“拉・劳修住宅”（1924）

另一场所是对着桌子工作、或工作之中稍事休息的场所。画家在此从制作场所退一步，在从上往下俯瞰的位置上客观地观察自己的作品，或是眺望外面的街景，构思创作。连接着两处画室的坡路这一步行装置，是让画家漫步思维，或埋头工作之余让头脑慢慢冷静的徘徊场所。柯布西耶也许是这样想的。

“拉・劳修住宅”的工作楼栋与生活楼栋设计成相连接的“L”形，“L”形的折角处是主要出入口，入口大厅的竖井是工作场所和生活场所的连接空间。这个竖井面对着凉台形状的楼梯拐角平台、大门上的梁桥以及入口的略凹部空间。向各个场所移动时，可以获得各种各样的愉悦眺望。各种各样的场所集于一个空间，多样的关系互补共存。这里也与“萨伏伊别墅”同样，分别使用白色与黑色壁面表现不同场所的纵深感与亲密度。同时，也产生富于序列变化的体感效果。

“萨伏伊别墅”和“拉・劳修住宅”都是20世纪20～30年代的作品，其有意识地在结构上操作竖井及坡路等建筑要素来表现序列，这一方法对现代建筑一直有影响。例如，谷口吉生及安藤忠雄的作品中就都有这样的表现。

对应人的行为与心理的设计

在这些建筑作品中所见到的手法及规模，与我们平常处理的城市小住宅有不同之处，多样的生活要求必须完满地装进狭小的住宅地，只按照理论及合理性操作整体，很难接近人们每天进行

资生堂艺术之家（谷口建筑设计研究所，1978）

“朝仓雕塑馆”（朝仓文夫，1935）的旧门厅

着的无意识行为和心情。在这一点上，在日本建筑传统中，有接近人的行为和心理的细致设计的序列表现。实例如下：

东京太东区“朝仓雕塑馆”（朝仓文夫，1935）的旧门厅，从入口到建筑物之间仅有10m的空间，但凝结着抓住进入者的心理、行为的设计。

初次造访他人家都带有一种期待和不安，是怎样的空间、会不会有对对方不礼貌的举止、今天能否达到拜访目的等等，心情忐忑。到达这个建筑物的门口，抬头一看，房顶有一仰天的裸妇雕塑，可知这是雕塑家的住宅。进入院门，是石块铺垫的弯曲缓坡，头顶树枝挂满红叶，前面可以看见门厅，铺垫的石块按照人的步子节奏分开距离，到了房门的拉门前，调整呼吸准备迈步进入，只见脚下有一块大石已经在迎接了。拉开门的瞬间，幽暗的前面有一个小窗，中庭的光、在风中轻微摇曳的绿色映入眼帘，步入的瞬间便感到色彩丰富。

优秀的茶室庭院以及带有茶亭的建筑作品中，这样对应人的行为和心理的设计随处可见，日本传统建筑中值得学习的地方很多。

安井正

“朝仓雕塑馆”（朝仓文夫，1935）的入口路

论坛

了解历史

这里所说的了解历史并非是坐在桌前攻读建筑史教科书，当然了解全部建筑史的修养是必需的，但并不是完全来自书本，要掌握它也需要经验，作为创造者的建筑师尤其如此。

尽可能大量实际观察建筑，不仅是近代建筑，古今东西的建筑都要看。现代建筑、近代建筑也都很出色，但仅有100年的历史，并且发源地是在西方，人类有数千年的建筑历史，西洋之外的好东西也数不胜数，比起只把自己限制在100年的历史中，以更广阔的视野观察建筑可以获得更大的可能性，世界上有许多出色的建筑在等待着被发掘。

建筑的出色之处不实际去看不可能知道，即要体验空间。不知其出色之处，建筑师的创作就不会宽广，可以说不去体验，那就不会存在那种空间的“质”。

在日本，假若体验文化遗产的茶室，可以学到许多建筑创意。光、造型、规模、物体的相互关系以及从整体获得空间的质感。这是语言难以言喻的“质”，不体验是无法了解的。

体验日本的传统民居、聚落、寺院等也会获得许多类似的感受。

进一步看看国外的建筑更无止境，有的旅行社安排参观近代

摩洛哥的卡斯巴

建筑，也有旅行社没有安排的难以见到的民居、聚落。宗教建筑在深山、沙漠之中静静地矗立着，探访这样的地方，汲取建筑所具有的“质”，这只能通过自身体验获得，建筑师的这种体验是必要的。

考察建筑与旅行相关联，旅行是愉快的，一个人旅行也好，与喜欢建筑的朋友一起旅行更愉快。晚上与朋友们边喝酒边谈论今天所见建筑的感想，这是最幸福的事。从这个意义上说，建筑师是幸福的职业，旅行也是学习。

对同样的建筑，不同的人有不同的看法，而且深度也不同，所以不是走马观花，而是深入观察，深入观察才会有更多的发现。

几乎可以说，日本近代的建筑开创者们都曾以这样或那样的形式到欧洲考察体验过。当时这种体验是必要的，而近代建筑之后的我们不是更需要看到广阔的世界吗？

巴拉干恐怕到摩洛哥旅行过，ANDO（安藤）大概也是这样。考察古今东西的建筑，视野和世界才能扩大。

选择了设计专业，工作告一段落，背起行囊去旅行吧。

泉幸甫

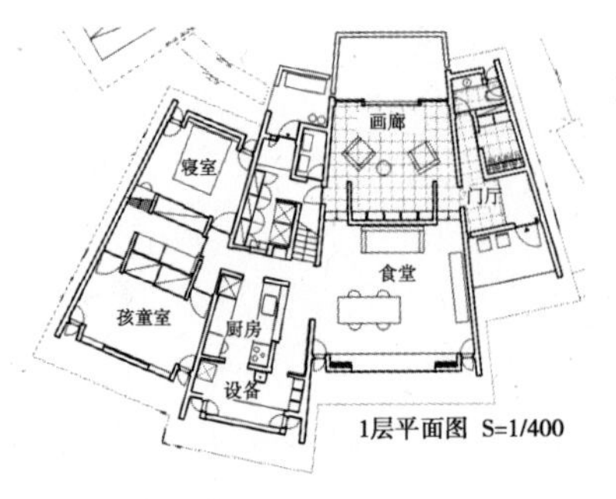

"日立之家"（崛部安嗣建筑设计事务所，2004）

11 家务欢歌

每天出现的怪物

简单的"家务"一句话，包括了一日三餐的安排、收拾、倒垃圾、扫除、洗衣、购物、熨烫、微波炉及炉具的时时清扫、更换电灯泡、晾雨伞、洗车以及一年数次的衣物更换、空调维护、照明器具清扫、地板上光、窗纸换新，每隔几年还会有内部改装、外墙、屋顶的修补，还有其他等等事情，这些已经够使人叹气了。还要每天养育孩子，今后还要照顾老人。

每天做这些事很辛苦，建筑师想想办法吧。制服这些强悍的怪物。

把叹气变成欢歌的住宅

怎样把这令人叹气的家务改变成欢快的事？

"日立之家"（崛部安嗣，2004）把住宅的家务设备巧妙地设置在南部，从家务设备空间经邻接的厨房与餐厅接续，动线设置很出色，家庭妇女大为赞赏"有这样令人感觉好的家务设备空间，那做家务一定轻松快乐。"

"新井药师的住宅"（中村好文，1991）设计的带有趣味性。二层的洗澡间更衣处设有类似垃圾滑道的衣物滑道，脱下的衣物扔到箱里便直接滑落到一层的洗衣机处。刚入住的时候，家人都

"NT"（设计组织NOH 渡边真理、木下庸子，1999）

"T house"（藤本壮介建筑设计事务所，2005）

不断地从一层跑到二层扔衣服，对此感到很愉快。

"NT"（渡边真理、木下庸子，1999）通过间隔使家务合理化，双职工家庭在家时间少，日常洗衣行为"脱衣→洗衣→干衣→叠→放入"中省略"叠→放入"程序。在日照最充足的二层南侧集中设置浴室、洗衣机、干燥室兼开放的衣柜。确实穿的时候很平展，所以没有"叠"的必要。就像是设计工厂一样设计家务系统，这样的配置令早上的衣物穿着也可快速完成。

日常家务一般不能只埋头做一件事，大都是做这事的同时做那事，用吸尘器扫除时，洗衣机停了就要晾晒衣服；购物时，天阴会有雨则要回家收衣物；在房间叠衣物，要注意煮锅是否会溢出。要同时进行这些相互交络的事就是家务工作，如果都安排在一个层面上就会轻松很多。

"T house"（藤本壮介，2005）是平房住宅，没有走廊，而是通过功能不明确的"中心部"与变形的各房间相互连接，从"中央"到各房间可"瞬间移动"，所以这非常便于家务。

乐意"与妈妈在一起"

仅仅是家务还好说，难的是妈妈要在照看孩子的同时，来来回回做繁杂的家务，妈妈也知道幼子的欲求得不到满足，扯着围裙边哭闹的烦躁心情。可如何改变这种恶性循环？

在对面式厨房或橱台可以"边做炊事，边看你作业"，这是典型的做家务的同时照顾幼童的状态。幼童并非可以一直坐在椅子

“主屋边室”（垣内光司、八百光设计部，2005）

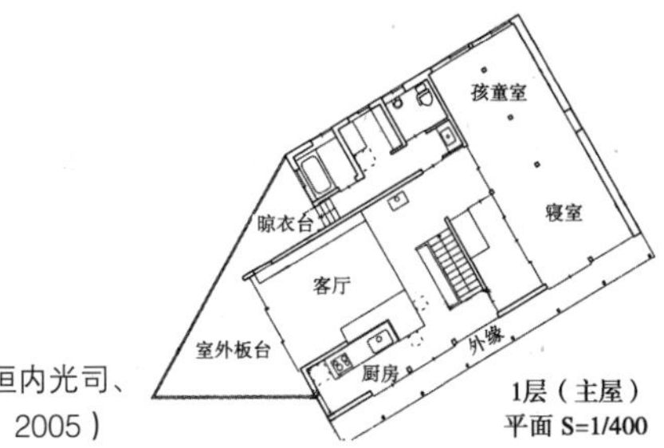

“主屋边室”（垣内光司、八百光设计部，2005）

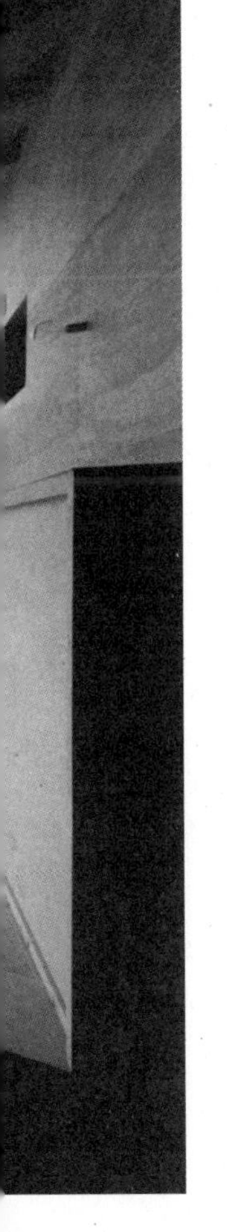

上，也不喜欢“被安排的位置”。自己回忆一下童年便清楚可知坐在地上自由玩耍的欲望，总是与母亲保持亲密的距离，母亲做什么，自己想插手，想让母亲看自己做事。“只有一个大地板”、“可以面对着孩子做家务”、“设定孩子与自己的视线相对的水平差”、“在一个平面上”、“动线不交叉”等，这样的方案适合育儿的同时又做家务。

我想寻找这样的住宅，于是发现了“主屋边室”（垣内光司，2005）这完全是快乐的育儿住宅，以孩子所在场所为中心，家务动线饼状环绕。特别是凉台与室外板台的设置，室外板台是孩子所在处（主屋）的延长线，凉台是浴室的延长线，双方在室外交合。洗的衣物可以在那里晾晒，晾晒完的衣物可以在宽敞的地板上与孩童一起叠放，完美地诱发出孩童做帮手的心情，这一设计可以使母亲随时把握幼童的状况，得以安心。孩童也随时可以看到母亲做事，参与其中，烦了就做其他玩耍，可以出到屋外。“主屋边室”细致地把母子和家务的关系完美结合起来。

乐意“与婆母在一起”

前面介绍的“T house”、“主屋边室”以“团地住宅区51C型”为原型，是“LDK”（Living room客厅，Dining room餐厅，Kitchen厨房）之前的房间连续形态的设计。各房间连在一起很便于做家务，人的相互接触也比较多，

"里夫莱克森"（2007 计划案，撒巴伊巴鲁设计室）模型

适合于多代同堂的家庭。但是，若在狭小住宅里住进一位老人，那就无法进行包括照看之类的家务。

日本今后一定会进入"老龄化＋少生育＋福利费减少＝在自己家看护"的大变革时代。请想象一下，如果三十岁的多代家庭借助于 35 年的贷款建房，15 年后，丈夫当了公司主管，工作繁忙辛苦，女儿进入青春期，性情反常，儿子高考，丈夫的父亲去世，腰腿不好的母亲无法独自生活，只能在此一起生活，这样的事情每个家庭都会发生。

想要增建房间，可贷款尚未还清，加上已经用足了土地限定的居住面积比例。狭小的住宅里已经有四个大人了，还会有新人加入，小住宅私密性不高，如何相互和睦相处。宽松随意的空间设计有利于与孩子无拘无束的接触，但现在那种"接近"会带来麻烦，假如客厅旁边的日式房间住着高龄者，将会出现生活被相互监视的沉重感觉。

我设计的"里夫莱克森"（须永豪，2007 计划案）中，因屋主是老人看护所职员，对这种事从开始就引起注意。建筑面积是 32 坪（1 坪约 $3.3m^2$）的小建筑物，最初是带婴儿的三人家庭，预计将来与父母一起住，设想大人将增至 5 人，因此把"客厅与餐厅分开"，设置了"活动空间"。一层餐厅是全家的交流场所，二层的居室只是多代家庭才需要的专有休息空间，一、二层之间设置中间层作为"工作空间"，是和孩子玩电脑的场所，是老少之间融洽关系的一种方式。为"随时可看顾到"和调整亲密度而设置了

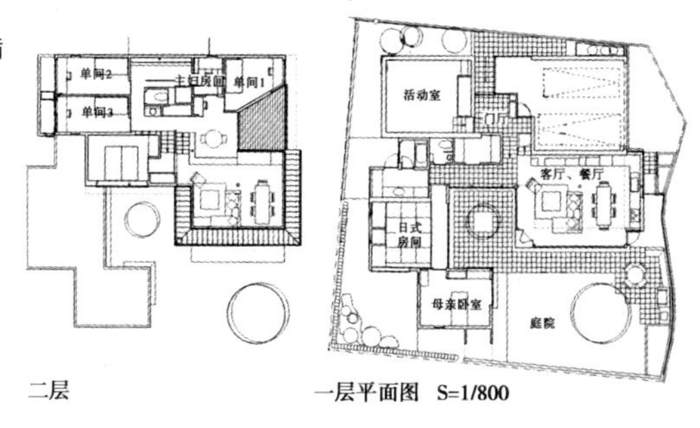

“奈良的住宅”（三瓶满真、因菲路德，2003）

便于监控护理的旋转式家具，这还可以改变人的注意力。

“奈良的住宅”（三瓶满真，2003），母亲及孩子一家五口人共同生活。注重与父母同住的特点，设计得便于看护。“两个居室”、“中间层”、“中庭”的组合若即若离，形成互相尊重的关系。特别需要说明的是二层的主妇房间完全封闭，在每日看护的紧张家务生活中，依然有松弛一下的“自我世界”。如果有什么事发生，从主妇房间的位置可马上到达居室，也可以随时看顾到婆母。

看护高龄人，与其一起居住，远不同于照料孩童，是看不到终点的马拉松生活，极为辛苦，并且自己也年龄渐大，十分疲劳。为使相互都有轻松一点的生活，建筑物设计使居住者相互保持平静不露疲倦的距离是极为重要的。

热爱生活

你的住宅设计具有上述的减少家务的特点吗？当然不可能所有事项都十全十美，但图纸能否再改善？生活维护与建筑维护的界限并不明确，房子、生活都要营造。人性化设计固然很正当，可是只追求方便，成为懒惰者虚度人生的空洞建筑也没有意义。固定的大窗户外边搭上长梯可以擦得很干净，要相信其魅力，自信地告诉房主“擦干净会很美丽。”

“菲夏住宅”（路易斯·康，1967）已经35年了，看照片依然充满魅力。菲夏夫妻像对待家具一样，独自反复摸索涂油漆的方法，杉木外壁每隔四年维护一次。住宅外壁全部由杉木组成，使得建筑发出分外美丽的光辉。"何等美丽的建筑"的赞誉最有说服力。设计师本人说:"其使自己会做家务了"。

有"设计师是建筑专家，房主是生活专家"的说法，年轻的男设计师特别容易被人认为"没有生活经验"。这虽有些偏见，但也没有办法。如果现在独立，没有经济能力租用办公室，那么以自己家兼作事务所也很好。在电脑前工作，听到雨点声就可以去收进晾晒的衣物，在约定谈事之前清扫炉灶，到幼儿园接送孩子。每天的形象虽不太酷，但自己何等热爱生活，这一定会在住宅作品中表现出来。挺起胸认真体验这一重要时期吧。

我写了这么多也解决不了家务问题，所以，罢了吧。家务事就请房主原谅吧，我们只有一条路，那就是建造房主喜爱的建筑物。

须永豪

12 一日三餐

有火就有人

自古人就离不开火，围着篝火做饭聚餐，在火旁边横卧休息，黑夜中跳跃的火光与生命密切相关，是人衷心向往的。尽管人们为躲避风雨，筑起了围墙，架上了屋顶，但火依然是家的中心。登吕遗迹的竖穴住居、印第安的圆锥形木架兽皮帐篷、蒙古包等都是如此，所谓“家”是围着篝火开始的。

所有动物的一切活动都是为了吃，人的生活原本也是以“吃”为中心，我们的现代生活形态产生了偏差，家庭聚集在一起吃饭的情形已经很少了。并且，餐桌之前的视线投向电视机，听着不堪忍受的阴暗报道，看着毫无情趣的节日喧闹，明知没有适合就餐的节目，也打开电视，这也许是过去围火聚餐的本能存在，眼睛喜欢盯着闪灭的亮光。在客厅、餐厅、厨房如何设置电视，这是一个棘手的问题。

改变就餐空间

就餐的质量受到空间、环境的极大影响。例如，同样的三明治，在办公楼没有窗户的会议室吃，与在蓝天之下的草坪吃，感觉“味道”不同。面馆或小酒馆越杂乱便越觉得味道美。反之，刻意装饰的店面却只是对顾客夸张造作，或隐或现地带有表演意图，反倒觉得饭菜味道不怎么样。

建筑师在“就餐”的空间能做什么？住宅的餐厅无论如何也是日常的场所，不能模仿豪华餐厅的非日常表现，要在朴素的同时，满足人身体的需要。人体的生物钟25小时循环一圈，要补回一小时的误差需要清晨洗澡。另外，据说清晨起床一小时之内进餐对人的身体有好处。早餐的场所最好有窗户对着朝阳。晚餐的最佳方式是全家围坐一起边吃边说当天发生的事情。根据《食文化入门》（石毛直道、郑大声编　讲谈社，1995）所说，人是与同伴共同进餐的“共食”动物，这是很重要的事。但现实的现代生活中，“孤食”者增加，为了恢复人的进餐方式，餐厅的电视还是取消的好。在烛光下，一起围着火和锅吃会产生亲近感。

厨房的种种形态

餐厅、居室是休息空间，而厨房是劳作场所，双方如何连接在一起，住宅中的这种调整是困难的。连接法的水平高低与那个家庭的形态、女主人、男主人的性格相关联，可以说有多少种性格就有多少种答案。

置于客厅中央的开放型组合厨具，适合于吃的人与做的人相互交流，但是一旦开吃，瞥见刚用过的炊具一个个堆入旁边的洗碗池便会失去良好气氛。

“山海天之家”（伊藤宽工作室，2005）

“小坂山之怀”（德井正树建筑研究室，1996）

而厨房和餐厅、居室分开，做饭、收拾就会觉得孤单，不适合于现代的几代人同住的家庭。结果作为一般选择，使用面向客厅半壁隔开的组合式厨具普及起来。但面向客厅式组合厨具给人不舒服的印象，像是劳作一方与享受一方关系调停的结果，相互留有不满而划下的一条妥协线。

这种不彻底性使面向客厅式组合厨具难以设置，而“山海天之家”（伊藤宽，2005）将厨房隐蔽和连接的方法可谓高明至极，厨房设在建筑物中央，由交叉的撑臂木柱围起，厨房器具置于坚固的木箱体中央，只用撑臂木柱作为间隔，透过性强。从客厅看去，厨房被间隔围住，人的视线到此被遮断，不会再往深去。但从厨房看客厅则完全相反，犹如从控制塔的开口环视一切。厨房厨具前面的“X”形撑臂只能看见上半部，所以几乎都呈“V”形。位置近时便感觉不出记号性。下垂的壁面折向顶棚，巧妙遮掩，消除了闭塞感。

“X”形撑臂结构、作用全世界相同，通过它的重叠巧妙地利用了动物本能的错觉。还使人想起作为建筑核心存在的精神支柱“火”与“母亲”的重合。这是面向客厅式组合厨房的内外划分的极好事例。

德井正树的自宅“小坂山之怀”（1996）的厨具可两侧相对操作，原以为是为了让孩子一起帮忙，其实厨具摆成这样是因为夫妻吵架，饭后无言地帮助洗碗，由此缓和紧张关系。一起操作可以萌生亲近感，“刚才对不起”也会容易出口。“有错也可在此得

“积层之家”（大谷弘明，2003）

“F-HOUSE”（窪田胜文、窪田建筑工作室，2007）

到原谅”，厨房也可以修复家庭关系。

据说大谷弘明的自宅“积层之家”（2003）中没有微波炉、电水壶、热饭煲、烤炉、洗碗机、家用冰箱等。的确，要在自己家里享受丰盛饮食的话，炊具、餐具也多多益善。东西少，就能摆放整洁。他说：“如此狭小的住宅不这样就无法居住得惬意。”

要实现高抽象度的空间，厨房是最拖后腿的。无论客厅装饰得如何美妙绝伦，只要有点炊具影子就会马上变味，就无法达到最低限度的客厅气氛，只能是向生活气息妥协，很令人失望。

“F-HOUSE”（窪田胜文，2007）这一建筑像是从宇宙突然落下的陨石一般奇异。其以里山为背景横卧的姿态，只能说是来历“不明的新事物”。住宅内部也是抽象的多角形空间，那里灰色的方体长台延伸着。仔细一看，那里立着一根银棒，黑色的板壁埋入地下，好不容易才弄懂这是水龙头和电磁炉，从维护方便的正当理论来看，感到自己像是地球粗俗的下等动物。到了这里已并非“最好看不到厨具”，而是由这一方体长台来完成厨房空间。

最后，介绍生活性强的实例。“BARN-5”（吉本刚，2001）的住宅如同其名“仓库”一般，柜台上摆放着餐具、炊具、调味料、电炊具、各种物品。这并非按照居住者的喜好而精心摆设的，而是根据需要随意地堆放在哪里。尽管如此，这间厨房并不显得脏乱。这是因为强固的建筑体所衬托的，原色、原样的混凝土墙壁，使用原木的棚架、地板，感觉不到任何装饰造作，设计得极为坦直。

“BARN-5”（吉本刚建筑研究室，2001)

有“火”的生活

厨房很热，总是释放着热。热火、滚汤、米炊、烤炉。夏季冰箱释放出热，成了热暖气。还是希望能够凉爽地做饭。厨房空间大都狭小，希望有流通空气带走热，但因风向会使炉灶的火不稳定，窗户不能打开，那至少空调的风要顺畅流经厨房。若邻近客厅等休息场所，微波炉烧烤食物的换气会对其造成影响，要考虑这些情况。

烧柴的裸火在人的生活中渐渐消失了，浴池也不再用柴烧了。取暖用空调，只要不吸烟，炉灶的火是最后存留的了。火确实很危险，但是孩子若不知道如何用火是很令人担心的。反之，上了岁数的老年房主则要习惯使用电磁炉才可以令人放心。如果设置了烧柴的炉子，既可以煮饭、享受火的温暖，也可以掌握用火的方法，是件好事。如果是煤球炉，烟则难以流出。简单的风扇电热炉之类，在住宅区或公寓里使用都很方便。

作为实验，我去年冬天在家里使用了火盆。真火的气息令人有很好的感觉，噼啪的燃烧声也令人感觉惬意。夜里，看着像血脉澎湃般殷红的燃炭就会忘掉一切。非常好！火盆放在桌旁烤面包吃（形态稀奇），有围火聚餐的实感。不知什么原因围火聚餐觉得快乐。也因此体验了几个小的事故，知道了火的恐怖与防火石膏板的巨大作用。炉灶与板壁的间隔距离，耐火材料的使用依然是十分重要的。

进餐说“开吃了”时

有一天工作时听到收音机广播，播音员是永六辅，其独特的快节奏语调说道：“我们是靠吃动物或植物这类有生命的东西而活着的，吃有生命的东西来让自己的生命延存，“开吃了”这句话的原本意思就是“我要吃你的命以延续我的命”。”大家都在饭前说这句话，清楚其意恐怕就不会那么轻易地剩饭了。

近年来常见到“饲养”一词，但其意已不同于以往时代家庭在院里养鸡。现在，肉上到餐桌的全过程是见不到的。虽然说“饲养”，但我们与有生命之物的相互联系在根本之处被切断了。餐前自然说出的“开吃了”究竟是我们自己可以做的吗？

须永豪

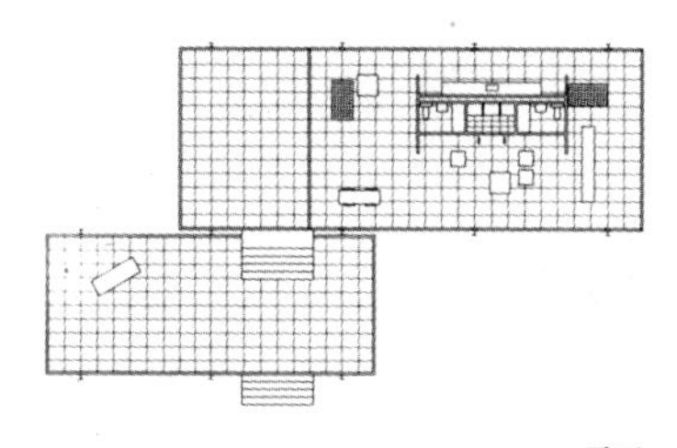

“范斯沃斯住宅”（密斯・凡・德・罗，1951）

“有中心的H氏住宅”（增泽洵，1953）

13 轻松的时刻

日本人离不开浴池

工作到深夜，乘末班地铁精疲力竭地回到家，沉浸在浴池温暖的水中，手捧温水淋在脸上，声音经胸口由喉咙飘出体内，这一瞬间，终日的辛劳疲惫化为乌有。没泡澡第二天早上会后悔，泡过澡第二天早上决不会有后悔。

在发生大地震的灾区，受灾者在自卫队准备的临时浴场洗澡，那种“活下来了”喜悦表情给人留下深刻印象。还有过去关东大地震以及战争灾难摧毁的澡堂废墟上，有人享受洗澡的照片。对此我断言：日本人的顽强和快乐是以浴池为支柱的。

意外的是日本住宅内组入浴室的历史并不久远，1973年日本家庭内浴池普及率仅达到50%，当时的歌曲“浴田川”（1973）把日常的泡澡作为歌曲来唱。从穿着木屐咯哒咯哒响着进公共澡堂的时代，到庶民家家组装进私用浴室仅仅数十年时间。

浴池技术的发展

过去的浴池、厕所都与建筑主体分离，设置在房屋外周或中庭边上，直接与外部空气相接。浴池由屋外侧烧柴，用竹制吹管调整火力。但随着燃气普及和厕所冲水便器的出现，使得裸体的场所现代化，就连住宅区紧凑的公寓也都安装了浴池、厕所。在

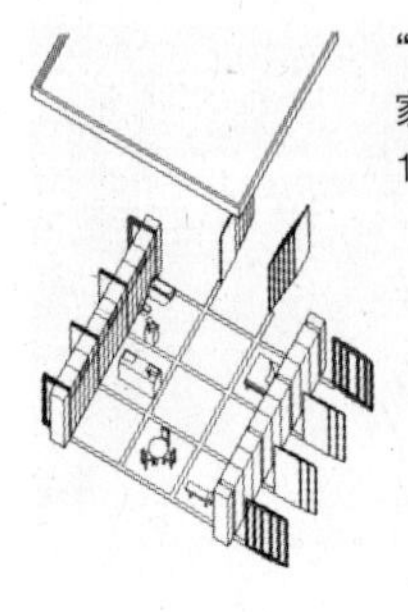

“第9广场、网格之家”（坂茂建筑设计，1997）轴测投影图

“八王子之家”（手塚贵晴、手塚由比、手塚建筑研究所、MIAS，2000）

有限的面积中，向阳的南侧设计为客厅，短暂裸体时刻的场所固定在阴暗寒冷的地方。随着组合式浴池、器具和防水技术的进步，木结构建筑的二层也可以设置浴室了。

这样的设计自由度极大扩展，使短暂的裸体场所可以设置在建筑中心，通过使用换气扇，没有窗户的位置也可以设置浴室、厕所。“范斯沃斯住宅”（密斯·凡·德·罗，1951）以及“有中心的H氏住宅”（增泽洵，1953）中，建筑中心部分设置浴室、厕所。以牢固的内侧守护无防备的裸体瞬间，令人放心度过。平常活动场所尽力开放，随着技术进步，可以根据动物本能设计住居了。其反面，无日照、无风流的浴室不够爽快。技术已经具备了，今后裸体的场所将会如何？

居处有水

经过高速经济增长时期，对任何事情都以明快、开放的态度加以接受，由战争、农舍、陋习等种种黑暗和封闭感觉中解放出来了。多代家庭和城市化使得住居逐渐小型化。不久，追求起一体化单元住宅，“客厅＋餐厅＋厨房”，以及“盥洗＋厕所＋更衣＋浴室”这样的空间并用方式普及起来。随着时代潮流，也许我们的身体感觉、羞耻心也都一点一点发生变化。“第9广场、网格之家”（坂茂，1997）的设计使人惊异，没有间壁，代替间壁的拉门全部开放，一片地板上只放置着设备器具及家具。桌椅旁边是便器、浴槽。这并非别墅，是专用的住宅，空间已经达到了极端

“小住宅1”（阿茨、库拉富茨建筑研究所，1997）

“LIQUID COURT KOUSE”（目白工作室，2004）

的共用化。

“捕捉蓝天之家”（手塚贵晴、手塚由比，2003）中，守护裸体场所的中心部分设置了天窗，以获得解放感。居室设置了高窗，以往压抑、黑暗的中心部由此改进成轻盈的空间。“八王子之家”（手塚贵晴、手塚由比，2000）中，露天浴池设在中庭，可开放使用，也可以用开合式帐篷帘布完全遮挡私密。

为有效利用空间，城市狭小住宅的场所兼有多种功能。“小住宅1”（杉浦传宗，1997）3叠（1叠基本为91cm×182cm）的日式房间旁边，浴池像是第4块榻榻米沉落，没有更衣处，日式房间就是更衣处。日式房间有时还作为客厅，成为晚餐饮酒的场所，空间具有多种用途。

“LIQUID COURT KOUSE”（目白工作室，2004）是六本木大厦内出售公寓的单元内装改建。单间空间的中央放着水槽般的浴室（这也可称为核心），浴室设置在这里的作用据说是“为了使浴室富有魅力”。该住宅是经商的房主在都市中的第二住居，主人有时也邀请重要客户在此交谈，所以要设置令人震撼的浴池。在现代的生存方式中，竟然也有这种情况，展示室般的住宅也是必要的。

浴室、厕所原本是限定用途的场所，但不受其特性的限制，灵活加以运用，可以使建筑整体生动起来。

“Denmodel Peoject 6”（郡裕美、远藤敏也，1998）中，竖井的温室中心设置浴盆，还成为通向上层阳台的楼梯通道。

“e–HOUSE”（福岛加津也、富永祥子，2006）中，由餐厅到

"Den model Project 6"（郡裕美、远藤敏也，宁工作室，1998）

“e-HOUSE”（福岛加津也、富永祥子建筑设计事务所，2006）

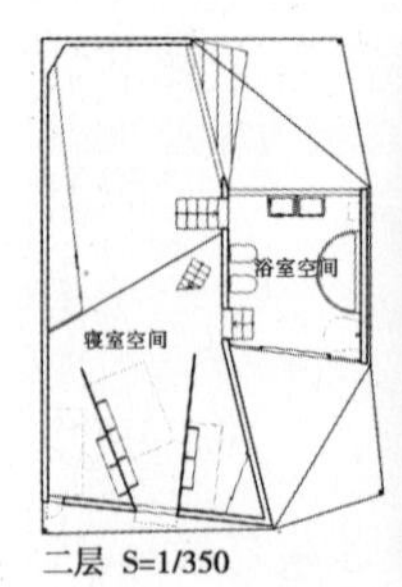

"e-HOUSE"（福岛加津也、富永祥子建筑设计事务所，2006）右：浴室空间 左：平面

寝室要经过浴室、厕所。哪个住居的浴室都相当宽敞，这里裸不裸体已经不重要，而是作为第二居室的休息场所。

到了"HOUSE A"（西泽立卫，2006）时，已经堂堂正正称为"浴池居室"，宽敞的浴室已不是作为令人愉快的附属场所，而是作为居室之一了。

浴室、厕所、门庭、阳台等住宅内的地面空间，随着防水技术的进步和专有单元趋向而内部化、清净化，我们还是再一次回到住宅内的地面空间。

城市生活中，泥土的地面、真正的庭院已经消失，设置了板台、阳台等漂亮完美的屋外部。而与此同时，我们自己的举止却粗糙起来，在餐厅椅子上度过终日，在柏油路的边石上坐着啃汉堡，身体也感觉不出有太大差异。于是屋内的地面空间扩张，出现了双重意义的领域。"浴池＋客厅"、"厕所＋走廊"等两种意义奇异重合，这样的空间还暗示着可能会进一步出现更多用途。

梦幻般的浴室来自冷静的想象力

今天年轻的房主有一天也会老迈，必须照料年老的父母，与之一起居住的日子也会到来，梦幻般的浴室也需要冷静地面对现实。

冬季更衣室寒冷，与浴室间的温差会对人体产生冲击，这通过设计以及选用建筑材料可以避免。使用暖气，选用赤脚也不会觉得凉的地板材料等。地板材料要使用防滑、水湿马上可以干、

瓷砖浴室与睡台（“萨伏伊别墅”勒·柯布西耶，1931）

不发霉的种类，要考虑避免摔倒。

为便于进入浴池，往往把浴槽下沉设置，这反而危险。浴槽底与室内地板平面不平行，进入时脚踩不到底，就会像踩楼梯踩空一样失去平衡，健康者也会发生。浴槽边缘像座椅那样有宽度，坐在上面再转身就会安全。有很多人要求“浴槽要能伸开腿”，但要注意老年人或个子矮的人使用时，如果没有停脚处就会滑溺水中，浴槽中分为上下段可以坐才放心，也可半身浴。

不需要扶手就不必设置，右脚腕疼痛，左膝盖僵硬等时候，扶手不在其位置反而碍事。最好做好准备，将来需要时可随时增设。

浴室遥控器的位置要确保万一发生意外能够拿到进行求救。老人的感觉、判断都比较迟钝，长时间泡澡自己爬不出来的情况时有发生，或是洗澡时站起、坐下，以不当的姿势搓背，这对老人来说是激烈运动，也有突然倒地的可能。

按自己的喜好使用建材

瓷砖是浴室最常用的材料，“萨伏伊别墅”（勒·柯布西耶，1931）从艳丽的曲线睡台，到漫画集《全能邻居》里那般简单的浴槽，全都由能工巧匠根据工地现场的需要创造，具有独一无二的个性表现。最近，一体式浴室以及预制的组合浴室，容易流于毫无特征的境地。铺贴瓷砖在当今造价昂贵，但也有低成本、易维护的瓷砖代用材料。

涂布FRP（Fiber Reinforced Plastics 纤维增强塑料）的浴室（“市川之家”萨巴伊巴鲁设计室，2008）

“榻榻米大浴场”

建筑师设计的住宅中，常看到涂施FRP（Fiber Reinforced Plastics 纤维增强塑料）的浴室，没有接缝，所以防水的弱点部位少，容易维护。可以在现场按浴槽的形状、浴室的大小施工，也可用于开口部位周围的密封等。比一体式浴室成本低，只是表面质感多少有凹凸，但也许各有不同喜好。

曾在温泉旅馆的大浴场见到过新奇的材料，这个浴场在浴池以及淋浴处都铺着经过防霉抗菌加工过的“榻榻米”，防滑，不会摔倒。

这是防止受伤的对策，材料不是草而是树脂，制成品的触感与草席相近，效果比想象好得多。还有的厂家生产用于浴池的软木砖块，富有弹力，脚感舒服，没有凉的感觉。“我们的家”（林昌二、林雅子，1978）的浴室铺有松软的绒毯，很意外，这样的材料根据创意也可用于浴室。

设计师的坦诚心情

人脱去衣服内心也暴露无遗。浴室、厕所也是与身体直接接触的生理场所，女性检查餐厅的好坏往往看厕所的清洁度。打着领带在办公室进行设计时，戴着头盔在忙碌的建筑工地进行监理的时候，要以纤细的心情设想温水漫过肩膀，肌体滑润的感觉。

在住宅设计中，最遗憾的是自己作为浴室的制造者，却体验不到入浴的瞬间。这样完工交活心底并不满足。假如今后合同书中写入这样的条款：

第26条（入浴权范围）甲对乙所设计的浴室感到满意时，为使身体的快感共有，必须许可乙入浴体验1次。

这样一来对浴室的设计也许会发生改变。

须永豪

14 睡得更香

梦幻的时间

远古时代，人类与其他动物同样居住在洞穴，以躲避风雨、抗御外敌，那里只是睡觉的场所。可以说住居的原点就是睡觉场所。但随着文明发展，睡觉场所又加进了家庭团圆、工作、接客、兴趣等社会生活和乐趣，其原本的睡眠作用淡薄了。

睡眠占了全天时间的4分之1到3分之1，睡和醒的时候，时间同样流逝，人在睡眠的时候也接受各种各样的影响，在睡眠中获得梦的启示，由此创作出作品的作家有许多，横尾忠则的梦也成为其自身作品潜意识的源泉，写梦数年，出版了《我的梦日记》（角川书店，1988）。在不可思议的支离破碎的梦幻世界，睡眠的模糊时间里，也许是平日生活中意识不到的事情，无意识地内在幻觉反映。以安德烈·布鲁东为首的超现实主义者们探索无意识以及深层心理的表现，尝试将其自动记录的方法。另外，约翰·利里等科学家们遮断外部信息进入"隔离数据库"，以及通过LSD实验研究探索内在空间。这一切都和现代追求幻觉意识相联系。LSD的别名也叫"简易幻觉"。瑜伽及禅的修炼者不用这些，而是通过冥想翱翔另一个世界。

我们的身体每天在接触、认知世界，并在社会体系及常识中捕捉事物，加以判断。但这些用自己的手制定的规则有时也会束缚自己。世界变得狭小，也许高深莫测的未知宇宙已经消失。弗拉将国家、宗教、企业做不到的事，用“地球号宇宙飞船”的概念使形象扩张。深刻观察自然秩序状态，发现以更少的东西形成更多东西的技术，考虑在自然循环中有机地织入建筑，一切都已经融入宇宙的体系之中。

孩童时代，包裹着太阳晒干后的温暖衣物睡着时，心情舒适。夜里，进入被窝，透过障子，隐约听到父母声音的安心感，在朝霞透过窗帘时醒来的恬静心情，失眠时的不安。对睡眠的感受因人而异。性与死等在睡眠处重叠，也潜藏着平常显现不出的复杂问题。

与房主的商谈时，睡眠空间是不言而喻的领域，这牵涉到家庭隐私、夫妻关系等微妙问题，难以找到答案。接受设计请求，房主提出居室及水管取道等许多要求，而对寝室却只字不提。这是可以置之不理的过于一般性问题吗？具有嘲讽意义的是寝室是住宅中最久呆的场所。

睡眠空间

人在睡眠时处于无防备状态，心理学认为深处或边端的空间可以令人放心。也许是有回归胎内的愿望，围拢在不太大的场所能够令人放心。

亚历山大在《模式语言》中说：“不要在称为‘寝室’的空房间里简单地摆上单人床，人希望在深处空间放床。即有希望被什么围起的冲动。”另外，在“夫妇的领地”这一项中，家庭内有孩

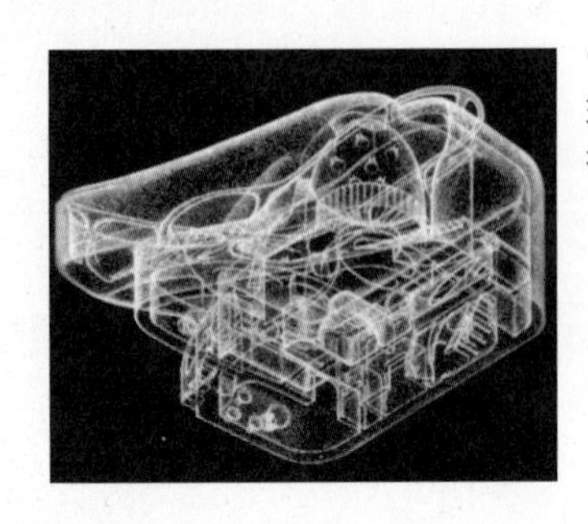

“钢结构壁板房屋”（牛田英作、卡瑟琳·芬德莱合作，1993 第 8 期）轴测投影图

子存在就会破坏夫妇必要的亲密度以及特别的私密。所以，提议睡眠场所要与共用部分和孩童室区分开，将其设置为特别的场所。

在“亲密度的变化”项目中，住宅内的空间不按照私密度顺序排列的话，会使来访者迷茫。寝室是高私密度的场所，是自己独用的场所，与动物本能的“范围意识”相关。

原本寝室＝睡眠的专用房间，但日本的住居没有这一概念，根据时间、场合，以可动的障子作间隔，在榻榻米上铺上被褥哪里都可作寝室。屏风、蚊帐等可动性隔断，形成适用性强的睡眠场所。以后，日本在西方化、现代化的潮流中，走向单元房间方向。并且出现床式、榻榻米式以及豪华专用房间、睡眠沙龙等多种多样的变化形式。

文姆·文塔斯的电影中，作为东京的风情表现了“药丸旅馆”，给人留下深刻印象。繁华街道的大楼里，层叠的“药丸空间”可以说是现代版的“城市睡房”。极小的睡眠空间中，可以躺在那里操控空调、照明、换气扇、闹钟、收音机、小型电视等，是功能性极强的配置。

在此看几个事例，牛田英作、卡瑟琳·芬德莱的“钢结构壁板房屋”（1993）简直就像胎内的有机住宅。以钢结构壁板建造法建造的自由曲面混凝土环围的住宅，其竖穴式的睡房曾是记忆中的睡眠空间，唤醒记忆深处沉睡着的原始形象，使人联想到动物的窝。

白川直行的“男女分用机械均等法之家”（1998）中，以无限对称性划分出夫妇分居领域。白川直行说：“从早到晚在一起做

“男女分用机械均等法之家”（ 白川直行工作室，1998 ）

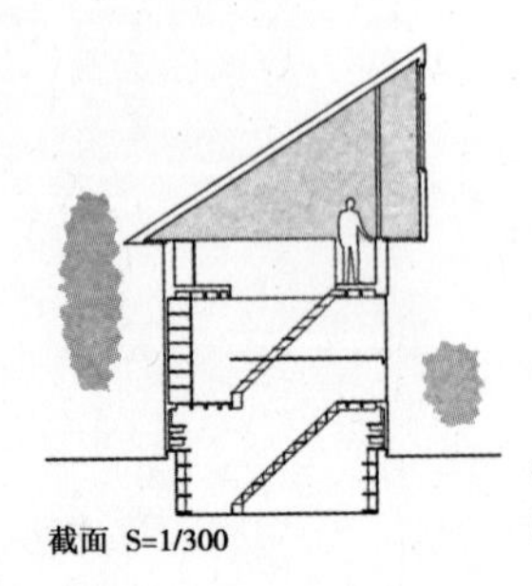

格爱住宅（万工作室，2003）

戈斯顿·巴歇尔的《空间诗学》（岩村行雄译，筑摩书房，2002，文库本初版）

同一工作，回家后需要有自己轻松的场所，有分开的时间很重要（"形态住宅里的生活"第13号 http://media.excite.co.jp/daily/weekend/031011）。"常有与房主谈事时，希望夫妇分开这样的情形，保持一点距离感有时会使家庭关系和睦。

万工作室（塚本由晴、贝岛桃代）的阿尼住宅（1997）、小住宅（1998）、格爱住宅（2003）、积西住宅（2005）都是寝室设在地下。戈斯顿·巴歇尔的《空间诗学》（岩村行雄译，思潮社，1996）中讲述了屋顶内的合理性与地下的非合理性。在风雨或烈日中，是屋顶在保护着人们，令人感知其强固的架构。相反，地下是黑暗空间，是想象潜入大地无限扩延的抽象空间。住宅存在着垂直的相对空间，其制造出了心理的深度。

万工作室的 本由晴说："想在小空间中尽可能地创作出各种场所时，地下、屋顶极为重要。总之，接地与接天可制作出非常有特性的空间（"渊上正幸的建筑访问记"第13回 http://www.com=et.com/colonne/002/atelier_one.htm）。"

寝室的设计

寝室的设计中有位置、声音、光线调整等问题。

睡觉时，听到时钟、冰箱、汽车的声音等很刺耳，这些声音在白天消失在各种各样高分贝噪声中不太引起注意，但到了夜里噪声分贝低了，反倒对小的噪声也特别敏感起来。使用吸声性能好的材料及双层玻璃以及开口部的位置等处理方法适切对应。另外，生活时间带不同的房间注意不要上下重叠。特别是两代人的住宅，下层设为上辈寝室时，其上部设置晚辈的居室以及上下水的设备，生活时间带的不同多会出现问题。不仅室内，与邻居以及道路的位置关系也要考虑。

空间黑暗才可睡着，或是常备灯不亮不放心等等，睡眠时的亮度需求因人而异，但一般寝室的亮度以可看到东西模糊形状的20～30lx 程度为最佳。窗帘、隔障、拉门、百叶窗、遮帘等装置能有效调整光线。据说沐浴朝霞，体内生物钟可恢复正常，自然规律与睡眠密切相关，也要研究可感受到朝阳的窗户方向、位置。

孩子的寝室怎样？这是与房主商讨时经常提出的问题。孩童室里放入电脑、手机，就超越了个人房间的现实规范，与外界直接连接起来，问题复杂起来。需要个人房间的时期是中学到高中的 6 年间，之后或许就不再需要。

根本部分

尽管睡眠场所是人们最根本的部分，但平时并没有意识到。所谓“睡眠”是人的精神从日常生活中以充足的时间解脱出来，也可以说是与人的深层意识相交织在一起的时间。睡眠的舒适与否很大程度是由睡眠场所及环境所左右。正因为是根本部分，所以成为与日常生活深深相关的题目。

吉原健一

阿米安大教堂（1220）

15 结构构思

“结构构思”课题

构思结构是建筑师工作的最大兴趣所在，在工地上观看架设屋顶栋梁，经过长时间设计的建筑物第一次在你眼前矗立起来，没有任何附加物，只有初次矗立起的架构，其带有难以言喻的美丽姿态，以往只存在于头脑中的空间初次展现出来，这一瞬总带有独特的兴奋与喜悦。

旅行欧洲，一步跨入歌德大教堂时，感觉身心都被拉向高空飞升，那高大的天井空间之所以成立，完全是靠有节奏排列的细柱与尖塔拱门，以及由内部空间感知不到的空中飞梁，由这些结构要素组合成一个结构体系。建筑结构构思首先是选择结构体系，或结构创意。

飞禅高山的吉岛家住宅内部空间充满品位，结构是酿造出其空间格调的条件之一。高精度的接口加工技术，根据木材特点用于合适之处的知识和感性。这样的工匠技术是数代流传下来的，是有经验的工匠组织在工作生活中的惯例，维持这种品位格调靠房主们强大的经济力量与丰富的文化见识，各种各样的事物相互交织，产生出结构的品位格调。

结构构思中各种各样的现实条件相互交织，建筑成本也是其中之一，计划是钢结构，但预算不够而改为木结构。有的受法规

吉岛家住宅（1907）

限制，力学规定之外还有防火、抗火标准，由此使得构思结构实现不了的案例很多。尽管如此，发挥种种智慧，使结构作为建筑表现而产生出丰富的空间，在此意义上“21 细部与表现”一节与结构关系甚深。向新的结构挑战，并将其实现，仅凭一个建筑师是办不到的，进行新的尝试需要有设备人员、施工人员、工匠的共同合作，在此意义上，“28 与谁合作”一节也与之相关。设法解决现实中发生的各种问题，同时发挥想象力，决定结构“要这样来做”，这就是“结构构思”。

平面分节与结构的关系

若观察平面分节与结构是什么关系，主要有两种方法：其一，功能形成的分节与结构形成的空间分节一致。其二，与功能形成的分节不同，结构按自律系统配置。

现在，为销售建成的住宅一般为日本传统式木结构建筑，不考虑结构而决定平面，然后，对应平面配置柱子，可以后考虑顶篷内隐藏的梁及小屋架。日本传统式木结构的高自由度可见一斑。以往的传统民居，结构形成的空间与平面分节具有更密切的关系。

路易斯·康说：“建筑是由建房间开始的”。路易斯·康的想法表现在其所画的图中，有柱子与拱梁围成的空间。路易斯·康喜欢将分节的“房间”集中形成整体。他所说的“房间”并不意味着单间那样的小空间，完全是由结构形成的造型，是一个个空间的组合。“菲夏住宅”（1967）由两个管状的“房间”45°角配

路易斯·康表现其“房间”概念的画图（摘引：香山寿夫《路易斯·康是谁》，王国社，2003）

置。“金贝尔美术馆(Kimbell Art Museum)”（1972）由预应力混凝土加张拉力的长拱穹隆以4根柱子支撑，将其意识为一个“房间”，由此并列构成整体。尽管形成巨大建筑物，也贯穿着由结构分节的一个个场所，路易斯·康从来都没有忽略在那里“有人”的感觉。

亚历山大的《模式语言》中说：有“空间结构根据生活”的模式。为在那里形成居住舒适的场所，“物理空间（柱、壁、顶棚）要适合生活空间（所限定的人及团体的活动）。”否则，“任何建筑物都会不适合居住。”根据人的心理、生活的要求配置柱、壁、顶棚这些结构体极为重要，这是满足人的要求的设计方法。

另外，也有主张不按结构分节，而应在平面上自由分节的建筑师。勒·柯布西耶提倡的“现代建筑五项原则”中有“自由的平面”和“自由的立面”。在西欧传统的砖石结构中，墙壁作为结构体支撑建筑物整体。所以，壁面的设置、开口的方法制约性很强。现代技术将壁面从结构体中解放出来，勒·柯布西耶给予其意义为“自由的平面”和“自由的立面”，作为“原则”加以宣言，主张平面分节与结构不一致的自由与可能性。

还有称为“网格规划”的方法，网格规划就是同样结构的反复复制，可以无限扩张，所以用于大规模的建筑较简便。施工方面也可大量生产，益于追求经济效益。所以，20世纪网格状规划方法随着现代建筑的框架结构而在世界上普及，但由此诞生出均质一律的空间，缺少多样性，非人性化，所以在20世纪60～70

阿信野之家（菅工作室，1999）

年代受到批判。

进入21世纪后，在几乎全部用机械制造的场所及空间中，也出现了感觉舒适而完美的建筑作品，像公寓居住区及RC(钢筋混凝土)的小学校舍，改变了单一化的状况。

结构表现建筑师的思想及生活态度

建筑师考虑各种结构，有时想问为什么要那样苦思冥想新的结构，这其中表现着建筑师的思想及生活态度。

菅正太郎的“阿信野之家”(1999)就是以一种材料提高空间结构纯度。用一种厚4.5mm、宽500mm、波高100mm的铁波板来建造墙壁、地板、房顶等所有结构，就连内外装饰除了一部分外，几乎全都是镀锌板直接作外层。地板与墙壁的结合部，波纹与波纹吻合焊接的硬结合，形成一种门型骨架结构。材料本身是大量生产的工业产品，建造结构过程是当地工匠的手工活。内装、设备、隔热等附属物简化到极限，形成纯结构空间，洋溢着原始的美感。也许生活起来并不舒适，从构思到建成的过程中也连续遇到难点，但其作为建筑师的自宅，深刻启迪我们要有不断超越困难的意识。

光格子之家（叶设计事务所，1980）

印西之家（藤原昭夫／结设计，2007）

叶祥荣的"光格子之家（1980）"符其实，直接将光导入了结构，光的格子包围空间。"与自然交合之处，春分与秋分，日出与日落时，东西两壁的光格子直交。夏至前后光格子在地板上相交。"（《细部》173 期）昼间吸光，夜间直交的光向外放出，像是"光呼吸"的装置。这个光的网格如何成立的呢？是将 125mm×65mm 的槽型钢，按照 32mm 的间隙空出，排列组合而成。在实际架构的槽型钢外部贴不锈钢板，内部贴石膏板，在视觉上不引起注意，最终是间隙与透过光成为主要结构。看到这里感觉到其表现出了高明的精巧性，构思出被光格子笼罩的意境，并将其以洗练的形态具体表现出来，这种能力令人钦佩。

藤原昭夫是展开木结构创新的建筑师之一，他正开发以 600mm 宽，6～8m 长的压合板排立成壁体，直接建成带装饰面墙壁的建筑方法。也考虑有效利用木材、循环利用拆除的材料以及更广泛地扩大实用范围。现在，其正投入自费以取得耐火性能及法规的认可等。这是个体建筑师发明的结构，其不仅在建筑表现上与一流工艺品可争高低，而且还超出这一封闭的竞争世界，在社会中求得广泛发展。藤原说过："这是我毕生的工作。"

我设计的"工作室之家"（安井正，2002）中，加进了序列，设计了诱导人视线的结构。住宅的入口上部嵌入 300mm×300mm 的 H 钢，人由此通过门厅，进入到建筑物内部，脱去鞋，转向进入室内，头上的 H 钢也 90 度转向建筑物内部。木结构使生活整体空间笼罩在柔和之中，是想让人的动线及视线有方向性，使人体

“工作室之家”（安井正、工艺科学室，2002）

行动适应建筑结构。

与结构设计师合作

过去，有奥·阿鲁普以及皮塔·拉斯等这样伟大的结构设计师，他们将建筑师构思的难以实现的造型，通过技术力量与创造性，解决了问题而使之得以实现。“蓬皮杜国家艺术与文化中心”（伦佐·皮亚诺、理查德·罗杰斯，1977）以及“悉尼歌剧院”（琼·伍重，1973）都是皮塔·拉斯进行结构设计工作的。

现在，结构解析用电脑进行，以往未曾有过的新创意造型，根据高精度解析也可以设计，结构的自由度大大提高了。但电脑解析在接近极限的情况下成立危险性很大。设定的地震震级，在现法制规定以上时，能否对应？在长年变化以及预想不到的不良情况发生时，接近极限情况下的成立会导致建筑物倒垮，需要慎重考虑。

结构设计师也有个性，最重要的是找与自己相合的结构设计师。对建筑师的独创创意避开风险，安全稳固地实现建筑的结构师有之；比建筑师的独创创意还大胆地解决问题的结构师也有。实现建筑师的独创创意的过程有结构力学上的、施工上的、法规上的，必须要解决的问题接踵而至。与建筑师一起克服困难需要高度的解析技术，同时还需要有广泛的知识、经验和勇气。解析上成立，但在工地现场建造的东西，并不一定真正具有解析前提的强度。说图纸上已经描绘出了，而将责任推给现场施工一方的行为，作为建筑师是不道德的。施工的问题不单纯是工匠的技术问题，材料、安排、加工、组合、搬运等一系列作业中有无过于勉强之处。对于将来的长年变化、季节的热变动适应与否，对于地震时的变位安全与否，等等，在设计上需要探讨的课题很多。

结构构思的最终目的并非是创新发明，或建造令人震撼的空间，就是建造日本固有的木结构形式，最终完成为高质量的完美作品也需要相当的造诣、知识和经验。如“16 材料选择”以及“17 巧用组件”的章节中所述，结构构思也绝非只是桌面上的设计所能做好的。

安井正

论坛

防灾与住居

震灾

首都圈直下式大地震“将来了”不断流传，都希望至少在自己活着的时候不要发生。而地震专家全都说：“任何时候发生都不奇怪”，不知道是10年后，还是5分钟后。但首都圈大地震必定会造成损害。

地震受灾预测：无法在自己家生活者：700万人；死者：1万3千人（其中6成死于火灾）；建筑物完全倒塌、烧毁：85万栋（其中火灾损失65万栋）；生活用水电燃气设施100万间住户以上损坏的可能性存在。阪神、淡路大地震（1995）中，避难者：31万6千人；死者：6千437人；建筑物全倒、半倒：25万栋。与其情况相比，首都圈大地震的受灾更大是可以想象的。其10年内发生的概率为30%，30年内发生的概率为70%，50年内发生的概率为90%（2004年内阁府中央防灾会议发表）。指出阪神、淡路大地震的野岛断层“30年以内，以0.4%～0.8%的概率”发生破坏。首都圈范围的概率之高，以及时间正确断定的困难可想而知。

住居的受灾与破坏

我们经手的住宅能在多大程度上保护房主？

根据国土交通部现行的抗震标准（1981年6月起实行），“中规模的地震（烈度5度左右）”几乎不发生损害。极少发生的大规模地震（烈度6～7度左右）不发生危及人生命的倒塌和损害作为建筑目标。

但这是在竣工时的强度。抗力壁的钉子因漏雨或结露而生锈。柱子及基础部位因白蚁侵蚀，常年劣化等，达不到预定强度。或在大地震的第1次抗住摇晃，但受到损伤，第2次、第3次大的余震中也有倒塌的危险。火灾损害：阪神、淡路大地震后发生大火，旧的木建筑住宅集中的区域变为火海。假若是防火结构仅是“墙壁在30分钟内不可烧穿”，过了时间火焰就会破壁而入。建筑基本法的抗震、防火设定仅仅是最低标准。这一点要理解。

阪神、淡路大地震的死难者中，因房屋倒塌被压死、窒息而死的约为8成（其中家具倒塌致死1成），死于火灾的约1成。即，大部分的生命被住宅夺去。住宅本应是人们放心的完全之窝，然而大地震使其变为凶器。

既然已经知道如此，就得考虑如何提供能够对应大地震的住宅。

设计师力所能及的事

如果房主希望从寻找宅地着手，那就要避开危险的土地。有价值的信息在书籍、互联网、市政府发行的防灾地图之中都可找得到。可能不得不向房主提议说："地盘不好放弃吧"、"可能成为火海，避开吧"这样的话。

家具类中，自己设计的内装家具当然不可以倾倒。设计时还要决定放置场所，大型家电也要考虑不会因其倾倒而伤人。要向房主提议将其他的家具固定。

"省能源热水器"、"省能源发电供暖供热系统"等储存热水系统可存储360L热水，旧水井只要不填埋，非常时可以做饮用水之外用途，烧开也可能饮用。不用电、燃气，柴薪以及煤球炉也可燃烧取暖、做饭。窗户玻璃贴隔热膜或防盗膜，也可以防止碎片飞散。有阳光发电系统的话，日间可以和平常一样用电，也可以向有困难的人提供电池及手机的充电。这些用于防灾不必花费特别成本，省能源、省钱、对环境也好。

防震、减震、免震的建筑方法可以减轻大地震的受灾和受灾者生活的痛苦。免震装置昂贵，需200万日元以上，但相比各种受损的恢复费用、不断支付的地震保险，这可以说还是很便宜的预防手段。防震中，在结构的相交部位设置固定板，接口部设置黏性贴层是简单廉价的，还可减低二层以上的摇晃，对改装也起作用。减震用的发泡材料、土包垫在地基下的方法，可以减轻直下式地震的突上冲击。同时，也对软地盘有改良效果。一箭双雕。

从气象厅开始发布地震紧急快报开始，到地震到来的数秒间的防灾行动，受到更多的关注。今后，也许会像住宅内设置火灾报警器一样设置地震报警器。

作为社区的一员

自己在社区里转一圈看，“这肯定倒塌”的建筑物很多。我们懂建筑的人眼里看得很清楚，但一般人心里对大地震的准备是不充分的。当然，坚固的住宅可以在地震中保护房主，但也还根据当地社区人们的意识。若是我们这样行动快的人，从现在就立刻开始行动了。“天灾没办法”不进行预防那就是“人祸”。我居住的武藏野市策划制作了防灾指南。若受灾，社区瘫痪，自己也会受到损害。想办法至少要减低受灾损失吧。

你的城市怎样？是可能崩溃的地区或火灾延烧的地区吗？储备救助工具的仓库在哪里？大地震发生时，救助的速战力量是了解建筑的工匠和我们这样的建筑专家。用自己的肌体感受我们城市的实况，以积极的姿态投入到平日的城市建造中。

须永豪

全国易于受地震区域图（内阁府防灾信息网页）http://www.bousai.go.jp/oshirase/h17/yureyasusa/

地域危险度测定调查（东京都都市整备局）

http://www.toshiseibi.metro.tokyo.jp/bosai/

图网页（国土交通部）

http://www.1.gsi.go.jp/dispotal/index.html

16 材料选择

材料的含意

过去，绘画材料取自自然矿物、草木及贝壳等，经研磨调和而成。棣棠花色、淡蓝色、紫绀（深紫）色、丹黄（红黄）色、瞿麦草（淡红色花）色等，颜色有各自的名字及由来，只要想一下各种想象就会喷涌而出。其中有名贵的，难以制作的种类，画家雇用专人四处寻找材料，还要熟知调制方法。绘画材料是特殊行业。要完成一幅画需要巨大的劳力和资金。这是由资助者们支持的。

米勒的画“拾麦穗”受到注目不是因其美丽和构图，而是因为描绘了神及资助者们以外的“农民”题材。当时，贫困的人们不得不捡麦穗维生。米勒受到农民及工人的支持，但资助者们及富裕阶层却激烈批判其为“危险的革命画家”。那个时代，绘画材料由画家专用。以后，技术发展，绘画材料在工厂生产，并装入了挤管内，于是普及到了普通人。

现代到处都充斥着大量的颜色，我们掌握了逼真模仿自然颜色的技术，颜色的名字以及只有那种颜色所具有的含意已经消失了，设计中以色样或颜色目录来决定颜色，在工厂进行调制。

住宅使用的材料或建材也遇到同样的命运，过去的住宅使用当地出产的材料建造，土、石丰富的地区多以砖石建造住宅，森

竹富岛（冲绳）的红瓦民居与石墙街道

林丰富的地区多以木材建造建筑物，形成当地的风土特点。当地工匠们在附近山上伐木加工建成住宅，然后在山上栽树，形成循环。仅仅在100多年前，还使用土、木、石、纸、铁等当地土产的材料，由熟知这些材料的当地工匠建成住宅。1869年，由门捷列夫（俄国化学家Dmitriy Ivanovich Mendeleev，1834～1907）发表了元素周期表，材料种类飞跃增多，随着流通的发展，世界各国的材料在哪里都能得到了。

现代，随着科学技术的发展，材料种类越来越多样化、复杂化。阻燃木材、印有石纹的桌布、高强度的金属复合材料、光媒涂布的防污玻璃、瓷砖、多种多样的防盗、遮光、UV（Ultraviolet紫外线）遮断玻璃覆膜等。一体式浴室、空调设备等也是多种多样，几乎难以把握究竟是用什么材料做成的。这些材料在工厂生产，流通方式固定，加工容易，因此成为建筑工地的主要材料。新材料开发提高了住宅性能，扩大了新设计的表现可能性。但同时，也改变了以往使用材料的意义，产生出当地产业衰退的问题，掌握传统技术的工匠逐渐高龄化并在减少。

材料与表现

亚历山大的《模式语言》中说："小尺寸的合适材料，是在哪里都可以低价买到的材料，易于在工地加工，

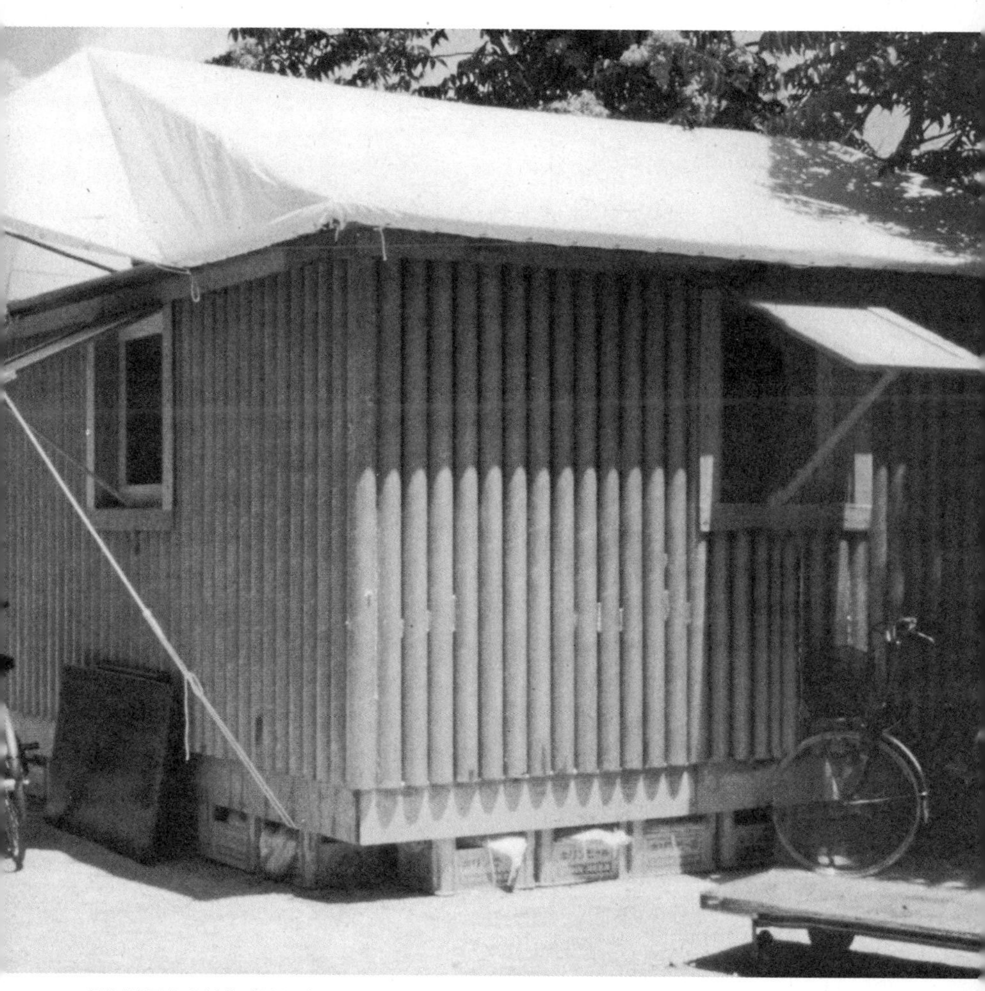

纸制的平房（坂茂建筑设计，1995）

“铝合金节能住宅”
的主要铝材

不需要昂贵的大型机械辅助也能完工，修正、变更都很容易，易于形成厚重的强固性、持久性。并且易于建造，不需要熟练工，工费低。”

究竟有这样合适的材料吗？

有一天，邮递员舍维送信途中摔倒而发现了石头奇异的魅力。此后33年间，他收集石头，并在法国农村建起了“舍维理想宫”。

坂茂在阪神、淡路大地震后，提出可以简单施工的纸筒教堂，以及谁都可以用啤酒箱及篷布组合成的简易住宅。仔细观察一下，也许身边就有亚历山大所说的材料。被石头绊了一跤，是踢走了事，还是从中发现可能性，升华为建筑。这其中有选择材料的目光。

建筑师各自都在不断研究材料，与厂家协商，寻求新材料、追求传统材料与方法、寻求表现出材料质感与特点，以及彻底排除材料感而追求抽象空间等等。

难波和彦的“铝合金节能住宅”（1999）尝试使用铝材的可能性。材料都有各自的长处和短处，铝与铁、不锈钢相比，比重小，可以实现轻量化，还可以高精度加工成复杂的形态。铝比其他金属耐腐蚀、熔点低，有使用后可熔化再生的长处。其反面，具有热导率高、传热快、冷却快、隔热难、成本比铁贵等不利之处。“铝合金节能住宅”使用这一性质的材料，是与铝材厂家合作，反复实验、设计而完成的。结构体系使用高精度的铝合金型材组成框架结构，连接器的数量少，易于组装。屋顶使用双层结构，与

“铝合金节能住宅”（难波和彦、界工作会，1999）

“碎玻璃”样品

隔热板组合可以控制热环境。

中东寿一的“喜连舍”（1997）使用通常的米松方柱为主要构成材料，墙壁、地板无间隙地排列，用铁钉固定的角材也兼为住宅的结构。墙壁、地板、顶棚表面全都用方柱材料覆包，并直接作为装饰。强烈的表达使人联想到木材组成的墙体。中东寿一掌握了木材组成墙体的独特表现，每次都使用这一洗练方式创造作品。

仓俣史明的内装设计对材料进行各种尝试，总是有着令人心动的表现。

强化玻璃夹层的玻璃粉、透明树脂结晶体中浮游的假花、金属粉闪闪发光的沥青地面材料、色泽艳丽的铝电解着色及抗氧化铝膜加工。内装设计中，材料的选择与表现直接联系，其连接方法深奥有趣。

探索材料

材料都有各自的长处和短处，不熟悉其特性很难用好。新的尝试必定有风险，材料各自的强度、长年变化、热膨胀率都不同。因此，考虑不同材料的接触部也很重要。不仅是设计表现，手感、脚感、舒适性等感觉部分，还有热、凉、声音反射等室内环境也都密切相关。

切不可忘记各个材料的背景都与人相关联。工厂大量生产，极易获得的材料难以适应单独的个别订单。如有这样的需要，与板金、玻璃、木工等各种材料专业的人才建立关系，就会增强你的信心。譬如，加工铁的组件之类，与熟知铁艺的工匠们在反复摸索中才可能找到成功的独特表现。

选择材料的工作是与无数的材料打交道，从中探寻唯有自己才可以使之表现出的特色。

古原键一

17 巧用组件

埋头于产品目录的建筑师

不久前，设计事务所的产品目录还不是太多。但现在，几乎所有的设计事务所都在堆满产品目录的环境里工作。各种各样的建材产品化，产品目录的册数增多。同一公司的产品种类增加，例如，TOTO 以及 INAX 的产品目录以往很薄，现在厚到 3 ～ 4cm，如电话号簿一样。以前，厕卫用具种类很少，几乎所有的都在头脑中。现在厕卫用具多种多样不可胜数。如果向铝窗厂家要产品目录，就会寄满大纸箱来。设计事务所处于在大量产品目录包围中工作的状态。

设计事务所在大量产品目录包围中工作好吗？有必要重新考虑。因为这包含着与建筑师的设计内容、姿态、思想相关的内容。

有能力的建筑师与产品目录保持距离

建筑师必须认识到被大量的产品目录包围着，在其中选择产品，在设计图中指定型号，这种无意识的日常行为，已经使自己自身被这个社会的建筑产业化、商业化所束缚，失去了自由。

在任何时代，建筑都与时代存在着密切的关系。从产品目录的观点来看，过去建造民居的时代也没有产品目录，工匠加工可获得的材料，组建起房屋。可是现代的住宅，说极端一点，就是目录产品的集积。这样的建筑与这一时代有着密切的关系。但是，如果说建筑与社会有着密切的关系，所以才有这样的建筑，这种说法也过于幼稚了。

从产品目录的观点再来看建筑师，建筑师与产品目录保持距离的方法各有不同。有完全参照产品目录的建筑师，也有远离产品目录的建筑师。前者的“完全派”建造的庸俗建筑到处可见。后者的“距离派”，举例来说，如安藤忠雄建造的钢筋混凝土建筑，这很明了。钢筋混凝土有混合说明书，但没有产品目录。其在与钢筋混凝土打交道中，开拓出了自己的世界，成为世界的“ANDO（安藤）”。安藤忠雄的建筑常被外国人称为“强固的”，这不是依靠产品目录的简单设计态度能够建造的，与产品目录中没有的材料打交道才会被称为“强固的”。

这样的事例很多，即有能力的建筑师都与产品目录保持一定距离。出色的木结构住宅建筑师熟知木材特性和结构方法，木材也没有产品目录。

建造洁白美丽建筑物的建筑师，刻意彻底消除表面出现的目录商品，才使得空间成立。白色油漆尽管就是厂家的产品，也不是从涂料样本简单地选择，而是与自己建筑物适合的经过微妙调整的白色。

现代合理主义产生出了大量生产、工业化、商业化，并进一步将其形成统一的标准化。由到处充斥的目录产品堆积而成的建筑是不伦不类的东西，与街道不协调。但从整体上看，那种不协

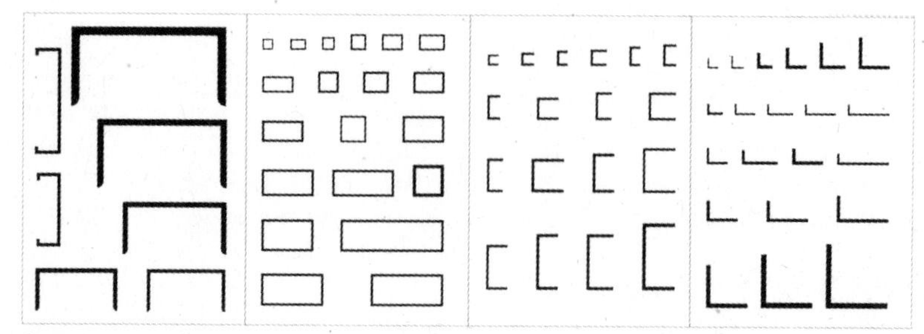

铝窗框中的各种组件形态

调却奇异地显得统一。这种统一性是目录产品的汇编，只不过是“简单行为的一律性”，不是以协调为目标的。在现代，达到协调需要有建筑设计的修养、经验积累以及向这一方向努力的愿望。换言之，现代建筑尽管处在现代化的潮流中，也依然可以说是现代建筑师的行为，是向现代自身产生的负面部分的挑战。即，向“简单行为的一律性”挑战。也许可以说建筑师是存在于奇妙的环境之中。

产品化的水平参差不齐

在现代，建筑组件产品被编成目录，但被编成目录的建筑组件产品制造水平参差不齐。这是为什么？住宅用的铝窗框，首先是从原料的铝矾土制成铝块，再从铝块提炼成型，加工成组件，再将组件切割组合，装入玻璃，安装窗框，这样才形成统一的住宅用窗户产品。即，铝矾土→铝块→组件→组件组合→装入玻璃→铝窗。经过了这样的组件制造、集中组装的过程。然而，针对建筑师编成的产品目录只是最后的“铝窗”。

这一连串的铝窗制造过程，特别是住宅用铝窗，建筑师可以参与的环节最多是铝窗框的高、宽，切割之类。无法插手铝的材料成分、组件形状等。所以，只能从编成目录的产品中选择型号。而一体化浴盆的制造、组装的水平远远高于铝窗，电梯也是如此。现在，这种制造组装程度高的产品越来越多。这样一来，建筑师可参与的只能是从产品目录中选择几个品种。现代建筑师陷于产

木质建筑组件（“檀屋”泉幸甫建筑研究所，2006）

用铝型材制成的铝框格子（“Apartment 付”泉幸甫建筑研究所，1998）

品目录中的主要原因，就是因为这样的住宅生产体系。

对此，以木窗取代铝窗，木窗的制作过程简单，树木→木材→木加工→组合，玻璃从玻璃店购入，窗的形式、大小、木料选择、纹路（材料的观感）等，建筑师可以自由参与设计。这是较容易的少量生产，同时，几乎没有材料的积压。但比起选择铝窗型号，设计木质建筑组件需要许多知识和经验，首先要了解树木，从便于使用到耐久强度以及与金属组件相配的许多知识。这样才能开始设计。

像木质建筑组件这样，产品编成目录之前，建筑师构筑建筑时，可以很大程度参与结构部位的生产过程，可以自由设计。以吉村顺三为首设计了有名的木质建筑组件细部，这样的产品，最近由普通的街道工厂生产体系都可以完成。另外，建筑师们也具备这些知识。

这并非说现代与过去的时代相比，建筑师不可能参与建筑部位的构成，前面说的铝窗，仅构成铝窗的组件就有各种各样的型号在销售，并编成产品目录。问题是不要认为铝只能用于铝窗框，而是要熟悉掌握这一型材，自由运用。换言之，也可以在大量生产的最终产品之前，使用生产过程中的工业产品。

下面讲述在现代与这样的组件打交道的方法。

从产品目录解脱出来的自由之路——使用产品的各种方法

一、使用成为产品之前的材料

制作弯曲梁的木材

现代，工业产品（商品）泛滥，作为其原材料的木材、石材、砂浆材料，建筑师并非无参与的可能性。而使用原材料实际上就是使用自然材料，这要改换习惯于产品目录的设计姿态。

例如，照片里的弯曲梁等，可以认为是很难获得的东西，并且比想象的要便宜。但必须知道木材的产地和市场才能获得。再是，这样的木梁容易裂或缩，所以要知道何时采伐，是否已经干燥等知识，进一步还要掌握紧固方法等结构方法的知识。即，没有材料相关的多方面知识、没有技能就难以实现。并且，偶然得到这样合意的弯曲梁，如何直接处理到手的材料，怎样临机应变地运用这一材料，需要有自由的想象力以及认清这一材质良否的能力。

与此相比，伏在桌前对着电脑用最新的木接口加工机械进行结构设计，计划性、数码性日益深化，象征着现代的木结构建筑。这完全不同于使用弯曲梁的工作状态。可以说这样的事并不仅仅限于木材，其他的自然材料，石、纸、土建材料等也都同样。

这种使用自然材料的建造方法会使建筑成本偏高。但是，作为建筑师可以设计出具有个性的住宅，还可以发挥创造能力，也是一流住宅作品的产出源。

二、材料的设计

如前所述，建筑组件有一次产品、二次产品之类的等级，经过数个阶段后被编成产品目录，最终成为商品流通。现代住宅组件的这种阶段性高，像带门框的门，先贴板，再在上面同时安装

伊姆斯自宅（查理·伊姆斯，1949）

框和门。像这样先有了商品化的产品，已经做好了成品，然后再进行设计。这样的门与其他无关，其自身已设计好，所以失去了作为建筑物整体设计的统一性，而设计者则屈从于商品化的组件。

商品化之前，阶段性低的铝窗框、墙板、铁板、玻璃等工业产品也在流通着，用这样的材料来设计建筑，绝对不同于商品组件构成建筑部位的方法，而与处理自然材料的方法相似。这样的头号建筑师是查理·伊姆斯，他使用大量生产的现成制品，如墙壁材料、铝窗框、台板、H钢等，设计出了一流的个性丰富的住宅。

像伊姆斯那样以纯粹的工业产品为材料的建筑师以后并不多见，这要由对现代建筑的历史有所认识，社会意识强烈的建筑师来继承下去。

三、制造组件

也许可以说现代建筑师被产品所左右，有人说如果这样的话，建筑师自己制造建筑组件如何？难以找到满意的产品是建筑师自己制造建筑组件的契机，或是有好的产品但不适合于自己设计的建筑。这种情况下建筑师自己制造建筑组件。这样制作出的产品大部分为“硬件”，如门把手、家具、照明器具等。这些委托街道工厂生产极为便宜，也易于商品化。建筑师制造出的灯具及家具也有销售。即使没能商品化，经常用的把手等也会经常委托街道工厂生产。看一下阿鲁委·阿鲁特以及村野藤吾的建筑作品，门把手等通用组件用于数座建筑。

建筑师与街道工厂没有直接关系，但今后却有这种可能性。

吊灯“游架”（设计：泉幸甫）

四、组件的转用

商品化的组件是有目的的，一般具有设计需要的特点。建筑师不愿意商品化的缘由之一是赋予它的设计特征会影响制约整体。

但建筑目的之外制作的组件，如船舶用的窗、照明灯具，车门等可转用于建筑，这是不具有建筑特征的另类物品，这样的表现事例也很有趣。

隶属于产品目录的建筑师如何解脱出来？这是建筑师的思想和人生态度。与街道工厂建立关系，开发出独自的组件、材料，创造出独自的特性和设计，这是每一位现代建筑师的课题。

泉幸甫

18 隔断的多样性

这边与那边

隔断、界限、间壁重建、隔断的高低等等。隔断使人与人、个人与社会、自然与住居、场所与场所、各种各样的物与物之间的关系意识明确，与分类、区别的思考及方法深刻关联。什么在这边，什么在那边，根据时代背景及地区，其意义也不同。

德国的媒体艺术家伊贡·刚达在“世界程序”的项目里，发表了环境、政治、经济、军事等等的所有数据，将数据投影在108个地球仪上。经济援助国及能源消费分布、导弹射程距离等，地球上发生着的各种现状通过发光的地球仪上的分色，在视觉上表现出来。与平常看惯了的以国境分界的地球仪不同，表现为不同于以往的划分方法。这108的个数也意味着烦恼。

住宅中的隔断有外墙、门、内壁、建筑组件、窗等，内部与外部、休息场所与睡眠场所的功能划分，公共场所与私密场所的区别、开放的场所与围蔽的场所等，区分空间的“质”，并进一步对调整人与人的关系起作用。

西方的现代化潮流进入日本之前，日本的隔断并不明确。住居以柱梁形成框架，柱与柱之间以隔门、障子、拉门等暧昧的隔断为主，对应性强，根据状况可以开闭。平常家人聚集的居室，拉开隔门就成为祭祀等活动的场所，根据情况也可作为客厅。日

茶室的庭院
与“止石”

本的隔断视线上若隐若现，相互都能感觉到，如格障、挂帘、屏风、树丛等，都可透过光、风，场所与场所之间的关系不被遮断。

相互看不见的隔断事例也很多。例如，门厅脱鞋的位置、地板空间与榻榻米屋子的境界、前部空间与深处空间等，微妙不同的材料，住居中按不同行为设置的场所隔断等。另外，隔断也是心理的境界、结节。茶室的庭院放置着卷着草绳的圆石，这称为“止石”，是不可再向里进的意思，也是境界。

对这些不明确的境界不闻无视会感到羞耻，不可由此再向里进的含意不言而喻，境界是人际关系的表现方法，也形成了习惯界限。

隔断的设计

开始设计时，首先出现的是住宅地的境界线，这是个人与社会的境界。住宅与社会的直接关联处。按照这个隔断的设置距离、隔断方法而与社会的关系有所不同。

境界线的隔墙有水泥砖墙、篱笆、栅栏、栽植、与建筑物一体的墙，或什么都不设等多种多样的方法。按照民法，沿着宅地的境界设置隔墙要退出50cm的距离，外墙之内可以建成空间，境界线与住宅之间设一定距离，作为中间领域进行栽植等，也可以与周边环境连接。按照隔断的设置方法，可以成为对社会与周边环境封闭的住宅，也可以设置成为对社会与周边环境有某种联系的住宅。还有眼睛看不到的道路斜线、高度斜线、绝对高度、退后距离等等与法规相关的境界线。法律规定的境界线，是为最低限度保护周边环境而设定的。不要只单纯地对应法律，要考虑住宅与周边环境、住宅与自然、住宅与社会的关系。

城市中的境界线与近邻关系、利益关系相联系，不能用一刀切的方法解决。在重视私密及防盗的风气中，应设置形态明确的墙或水泥块墙界以表明土地的所有。也有具有威慑作用的境界隔断，如防盗器、监视器、铁拉门等。

隔断也以各种各样的形态在住宅内部登台，休息场所、就餐场所、睡眠场所等等。按照用途划分来归纳，便要考虑这些场所是以怎样的关系连接或隔断的。由内壁、门、窗、玻璃等按场所的各自用途隔断，还有的并非直接隔断空间，而是以材料的微妙变换、由外部光线控制形成的暗部、亮部、顶棚由低向高或向竖井方向展开，这些隔断对人的心理产生一定影响，发挥着隔断的作用。以墙为隔断时，也有直线的墙、曲线的墙、半透明的墙，还根据墙的厚薄、材料等有微妙的差异，起着缓缓地隔断、关联性隔断的作用等，隔断的程度有所不同。

设计时，在一张张描图纸上画一条条线，反复摸索实验，要隔断哪些部分、隔断的位置、隔断与隔断之间的空间、隔断用什么材料、怎样装饰，等等。建筑师是处理空间或空间结构的，可是空间既看不到也摸不着，有了隔断才初次被意识到，根据隔断的方式，空间或连续、或分断，或外部与内部交织组合，多样变化。空间用音乐来形容就是音符与音符之间＝无音的部分，隔断

T HOUSE（藤本壮介建筑设计事务所，2005）

祭奠土地神的竹竿隔断

“住吉的长屋”（安藤忠雄建筑研究所，1976）

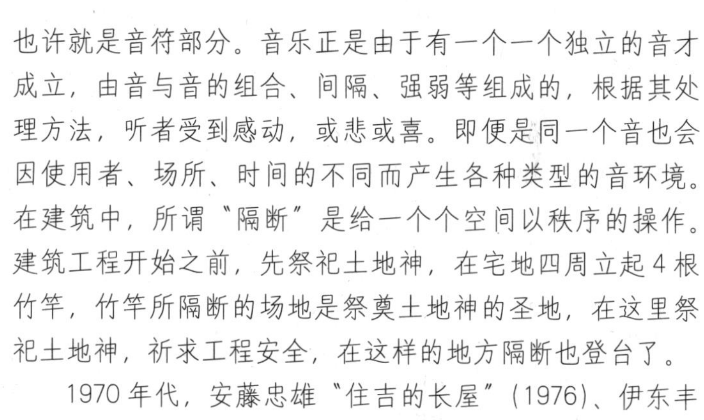

也许就是音符部分。音乐正是由于有一个一个独立的音才成立，由音与音的组合、间隔、强弱等组成的，根据其处理方法，听者受到感动，或悲或喜。即便是同一个音也会因使用者、场所、时间的不同而产生各种类型的音环境。在建筑中，所谓“隔断”是给一个个空间以秩序的操作。建筑工程开始之前，先祭祀土地神，在宅地四周立起4根竹竿，竹竿所隔断的场地是祭奠土地神的圣地，在这里祭祀土地神，祈求工程安全，在这样的地方隔断也登台了。

1970年代，安藤忠雄“住吉的长屋”（1976）、伊东丰雄的“中野本町之家”（1976）以钢筋混凝土外墙环围内部，开口部极少，建造了对城市的坚固隔墙，在内部展开了空间。藤本壮介的“T HOUSE”（2005）从住宅中心各个不同角度，以结构薄壁板杂乱而不明确地隔出各个房间，各房间没有门，空间若隐若现地相互联结着。曾我部昌史、丸山美纪的“曾我部住宅”（2006）中，硬性的物理隔断很少，像一个专有单元那样，所有的空间联接着。各个场所利用地板的不同水平、顶棚的高低、视线的透过方向等进行连接的同时，柔和平缓地分隔着。隔断的状态与时代背景总似有些联系。

隐蔽的尺度

埃德瓦·赫鲁在《隐蔽的尺度》（日高敏隆、佐藤信

“曾我部住宅”（曾我部昌史、丸山美纪，2006）

埃德瓦·赫鲁《隐蔽尺度》（日高敏隆、佐藤信行译，美铃书房，1980）

行译，美铃书房，1980）中提出论说：包括人类在内的动物具有意识，可以说具有空间或区别距离的特殊感觉，这些以“接近”这一词语表示。人的接近又由“密切距离”、“个体距离”、“社会距离”、“公众距离”四个阶段构成。“密切距离”（45～120cm）是手臂伸出的距离，身体可控制的界限，可保持个人关系的空间。非个人事务在“社会距离”（120～360cm）中进行。“公众距离”（360cm以上）是人们像对待行人般的态度行为。“接近”根据国家、文化圈、时代背景而有细微不同，赫鲁提出了空间中存在隐蔽尺度的理论，发现住宅中的“隐蔽尺度”也是创意的线索依据。

无形的隔断

现在日本的隔断也多有以非物质体不明确区分的情形。明亮的场所与阴暗的场所，微小的材料区别，若隐若现的暧昧状态，只是心情上可感觉到的隔断。隔断与“间”也相关连。“间”是物与物的间隔，不仅存在于茶道、武术，也作为若隐若现的结构存在于现代建筑之中。

现代随着电脑、手机的普及，各种信息被平等对待处理，个人领域越来越扩大，“隔断”超越物理空间，带有更丰富的多样性。以此作为创意的线索依据，思索住宅的隔断也很有意义。

吉原健一

19 开口部的设计

关联性

简单地说建筑只要有地板、墙壁、顶棚也就成立。的确，半圆形窝棚、要塞、防空洞、地下室等，除了出入口之外没有其他开口部的建筑有很多，那是以厚墙和房顶包围起来，不与外界联系的自我孤立存在。

地板、墙壁、房顶包围起来的黑暗空间，在外壳上开洞、开缝、开裂等出现开口后，才开始与外界产生联系，出现内部与外部的关联性。由此，光与风进入，取得了空间。开口部在内部与外部、建筑与自然、人与人的关系方面起着重要作用。根据开口部的设置方法建筑物所具有的意义也发生变化。

罗马的“帕提农(Pantheon)神殿”（128）直径44m的巨大穹顶覆盖，穹顶有大的圆形天窗，当然没有玻璃之类镶嵌，阳光直接照入，风雨吹入，是超出人体规模的与天空联结着的巨大开口部，空气从这里寂静流入，立于其下，就连游客也都默然无声，神圣感油然而生。圆形的开口部也暗喻着人与神的世界或宇宙的连接。

日本建筑原本没有开口部的概念，以柱与柱之间的墙壁及窗户等建筑部件来调整与外界的关系。例如，可以称为巨大开口部建筑的京都“南禅寺南大门”（1291）直径1m以上的圆柱林立，伫立在巨大建筑开放的场所，感到眼前的景色与开口部融为一体，

罗马的“潘特沃 (Pantheon) 神殿”（128）

“南禅寺南大门”（1291）

进一步取入远景，风光融入其中。难以区分这里究竟是内还是外，令人实际感觉开口部的内部与外部形成的暧昧关系。并且，此处也是这一世界与那一世界的连接装置。

西方观念是通过墙壁，给予外部与内部关系的秩序。东方的观念是利用柱体之间适应性强的建筑组件的开合，与外部形成不明确的关系。开口部与建筑形式、国家、地域、精神世界、宗教观念都深切相关。

住宅的开口部有窗户及建筑组件，如何考虑其设计是现在的课题。简单称之为“开口部”其范围太大，内部与外部的关系、风与光的进入方式、眺望、私密、隔音、防盗、热环境等都相关联，并且与该住宅的题目也关系密切。另外，开口部是住宅唯一具有“开－关”、“隐－现”这样相反关系的可动部分，所以，对其复杂的关系加以整理，对装饰及细部加以考虑也很重要。开口部与住宅设计的完美性及室内环境密切相关，要仔细斟酌。

看与被看

空间划分决定下来，设计定形了，该考虑开口部了。考虑住宅地的开口部时，出现了用地与邻地及道路的关系，出现了“看”与“被看”的问题。设置开口部，确保内部的光与风以及眺望视野。与此同时，从外部也可以看到住宅内部。

设计大的开口部，要避免从外部可以完全看到住宅内部，避免一年四季必须窗帘遮挡。仔细观察住宅地周围环境及人际关系，

京町家的格子窗

考虑开口部的位置及大小。在东京的旧城区等地方，也有邻居开窗相互说话的，有的区域存在着这种近邻关系，开口部也是与他人交流的场所。邻居的窗户、室外空调机设置的位置、换气扇的位置、道路行人的视线等，必须注意的地方预先在图纸上标出，这对考虑开口部的设置也有用。邻居尽管有空地或停车位，但要充分考虑在市区存在数年后建造建筑物的可能性。进行规划设计要设想某种程度的未来印象。

街屋的格子窗出色地调整了“看”与“被看”的关系，昼间外边比室内亮，由亮处向暗处看较难。即，通过格子窗由室内可看清外边，而从外边看室内的视线则被切断。有的格子窗截面呈台形，台形面窄的部分向内，面宽的部分向外，更为明确地设计出内部与外部的视线关系。格子窗的狭缝部分为滑动式还可以调整，是很出色的独特窗户。夜里，格子窗内的灯光也成为街区重要的景观要素。

在密集的居住区，宅地被邻舍以及人来人往的道路包围，可以考虑在宅地内设置中庭等外部环境，也可考虑设置开口部的方法。1 坪（1 坪约 3.3m^2）左右的小庭院根据设计也可以获得宽敞的私密空间。开口部并非开口部的单体问题，与住宅的结构、设计都有关系。天窗、高窗可以不顾忌周围的视线，随时可眺望天空，也是引入光与风的重要处所。斜坡地及高台地等场所的住宅，可以最大限度地将周围的山海景色引入住宅内部，可以作为室内的延长来设计。

“小家”(勒·柯布西耶，1925)

瑞士的莱曼湖畔建起的“小家”(勒·柯布西耶，1925)的水平窗(长横窗)，带有勒·柯布西耶作品的特征。11m长的水平窗可对着湖开放，将莱曼湖与阿尔匹斯山出色的景色宽阔地导入，给予仅18坪(1坪约3.3m^2)的住居以宽阔深广的感觉。勒·柯布西耶说:“这个长11m的窗户为这个家赋予了某种典雅。这是对窗户作用的一种革新，这个窗户成为这个家的基本构成要素，为这个家起了画龙点睛的作用(勒·柯布西耶《小家》森田一敏译，集文社，1980)。”以往，砖石累积的建筑物在结构上，可以开纵长的窗户，横长的窗户则很难，而这个住宅为了最大限度利用周围环境，开口部与结构作为一个整体考虑。

开口部与室内环境的关系

设置开口部，自然空气会从那里流通。于是，出现隔热、隔音、通气、采光等与室内环境相关的课题。

例如通风方式，有利用风的压力差进行“风力换气”的方法;也有利用热空气上升的特性，将室内下侧引入的空气通过室内外温差，在其对角线上部的开口部放出的“重力换气”方法。总之，一个房间开了窗户，在其对角线上设置开口使室内空气循环，进行换气通风。设计时还要考虑到门厅、走廊、竖井、楼梯室等也都可成为风道。

“轻井泽别墅——肋田住宅”
（吉村顺三，1970）

开口部与表现

开口部的处理也是建筑师表现个性的部分。木质及钢质的窗户组件自由度高，细部可以考虑加工成任何形状。现成的铝合金框、框架也都可以简单和谐地设计进去，与独特的窗框组合，各种各样的表现方法都是可能的。建筑师在反复尝试中会摸索出独自特点的开口部。

吉村顺三的“轻井泽别墅——肋田住宅”（1970）设计了面向庭院可全面开放的开口部，其安装了木质的防雨门、玻璃门、障子，全都设计成可收入墙壁之中的形式。打开这些建筑组件，轻井泽的自然景色便融入内部，感到心情无比愉悦。如果关闭障子，场景顿时转换为略暗的沉着气氛。这里的开口部，建筑组件的开合方法、细部等考虑得周到细致。

妹岛和世的“梅林之家”（2003）的开口部，在厚16mm的薄壁上开了四角形的窗口，形成薄而白的抽象表现。感觉不到开口部的存在，与墙壁形成一体。从窗口显现的日常景色看上去像一幅画，十分奇妙。远景与近景收入同一框架内，远近透视法的感觉失真，像是山水庭院的现代版。

坂牛卓“关于窗户”（《现代建筑》2002年2月刊）的教材中说：“要从图与地的关系来看窗户，重新考虑窗户的可能性。”

“一张全黑的方纸，为方便起见设为A4竖用，在纸上放一张5cm边的白色正方形纸。这时，白纸确实是在黑纸上显得像图一样。再将白纸稍微变形为横长的长方形，白纸比黑纸小的部分白

“梅林之家”（妹岛和世建筑设计事务所，2003）

“角窗之家”（坂牛卓、木岛千惠 O.F.D.A，2006）

的为图。再将白纸稍微延伸，下面垫着的A4黑纸作为同样宽的长方形来看，于是下面的黑纸因白纸而成为上下两分的形状。这会怎样？白纸已经不显现为图了。”即窗户作为“图”，贴在作为“地”的墙壁上，可以分断或连续空间。“连窗之家”系列，以及“角窗之家”（2006）都是这样追求开口部的可能性。

开口部的表现方法多种多样。像是在墙上开洞般的深开口部、裂缝般的狭隙、内外关系不明确的开口部、白而薄的抽象开口部、装饰或象征的开口部、重视性能的开口部等等。出现铝合金窗的革命后，各个建筑师也以独自的方法和创意推动开口部不断改进。

开口部并非独自的问题，是住宅构成的重要因素。根据开口部的设计，住宅的可能性也会扩大。

吉原健一

20 物品的去处

人是储存东西的动物

房主一心想“多要壁柜”，但我希望房主说“不要壁柜，只要像样的空间。”

人这种动物哪一天钓的鱼多便会晒干储存，猎到大的动物便会将肉腌制收藏，米的收获一年一次，为了放心生活要储存粮食。人也使用工具，没有猿猴尖利的爪牙，就用尖利的石器剖开鱼腹。益于碾碎谷物的平石，射取猎物的飞箭，这些都要好好保存在身边。人没有保温的毛，需要有衣物御寒。人使用工具使得智慧发达，人作为野生动物功能衰退的部分，只能由工具来弥补。要彻底明了人原本是储存东西的动物。

房屋世代沿袭变得狭小，城市里聚居的人越来越多，每次分遗产土地都划分得更小。但我们并非贫穷，1988年西武百货店甚至出现“想得到的东西就要得到（广告词：丝井重里）！”这样著名的广告，真可谓是物质丰富的时代。

譬如，炊具有中华炒锅、意大利面专用锅、家用平底锅、擀面棒、开酒瓶的用具、烤章鱼的铁板炉等等。怎么会变成这样！从杂志、电视、互联网天天涌流出各种信息。“有烤炉的家庭生活，每天早晨可烘烤面包”、“家庭宴会不可缺少的葡萄酒开瓶器”之类，推销专家喋喋不休，“有了这个你的生活就会无比美妙。”

《地球家庭——世界30国家的普通生活》（世界项目著，近藤真理、杉山良男译，TOTO出版，1994）照片集

但是，当想要的东西都得到了时，却发现不知什么时候，我们自己却已经在物品的夹缝里生活了。尽管如此，屋子里人的空间还是不断减少。搬家时，将所有物品都搬空，回头看看空屋惊奇地发现“这屋子不是挺大的吗？”这样的经历谁都有吧。

《地球家庭——世界30个国家的普通生活》（材料世界项目著，近藤真理、杉山良男译，TOTO出版，1994）照片集，将世界一般家庭里的东西全都摆在自家门口。看了一下，为日本人的超常表现而震惊。自己真正需要的东西，要用意志来选择，像瘦身一样减少体重非常困难。真心希望拥有这些东西的房主“这次真的清理得干干净净过生活吧”。

物品表现人

初次访问朋友家，通过架子上摆放着的书和光盘种类、音响及电视、餐具、乐器及玩具这些趣味品之类，对人的性格可一目了然。另外，生活中如何对待建筑物、如何对待物品也表现着人的个性。

坂本一成的自宅 House SA（1999）沿着住宅街的坡道自然地排列着。最初在建筑杂志看到的照片，如同学校的办公室，室内所有的地方都设置了架子，空间干干净净。但是，以后的照片却是架子上堆满了喜好的物品，在物品的洪水漩涡深处，该人显得分外满足。不可思议的是随着物品的增多，“与周围环境协调”的设计意图却越发强烈地显现出来。建筑内部宛如涩谷的西班牙坂

“我的家”（清家清，1954）

House SA（坂本一成研究室，1999）

“抽屉之家”（佐藤大、石川崇之，2003）

“黑箱 1 叶山的储藏室”（久野纪光 合作：松本纯、会田友朗，1998）

道一般到处热闹非凡。

物品在生活中不断增加、满溢。没听说越住东西越少的事情。清家清自宅“我的家”（1954）将船用旧集装箱放在房顶作为书库。这一鲜明的反常造型，在完工 24 年后，明白地展现出“满溢”，设计超颖洒脱，令人赞叹。

物质丰富时代成长起来的一代人怎样想呢？“抽屉之家”（佐藤大、石川崇之，2003）将床、橱具等生活功能全都收入一侧，需要时拉出。住宅就像电脑一样，应用工具、文件物品全都收入“抽屉”之中，根据需要在屏面上启动。从“抽屉”之名产生出“届时将要满溢得关不上”这样的恶意联想，关不上的状态才正是超出了普通生活的界限。不论如何，这个电脑式的住居在生活之中，也会发现新的用法。

另外介绍一个例外的事例，“黑箱 1 叶山的储藏室”（久野纪光，1998）建筑师设计了 2 坪（1 坪约 $3.3m^2$）的储藏室，正如其名，以相当于现成“储藏室”商品的成本，加上自己的时间动手建造。做工复杂的边门、不均等的开口部设置等，装饰也相当考究。对于一个储藏室竟然如此刻意构思，其设计踪迹值得追寻以得到相应的发现。

葛西洁的“木箱系列”（1992～）可以说是利用门形结构的间柱形成了全壁面的壁柜。东西可以堆放到多高、是否用门遮挡、或是只设置架子作为装饰，这些都是房主的自由。“七里滨的木箱”（1998）附有意味深长的说明文章，“住宅难以随着生活变化。

“七里滨的木箱”（葛西洁建筑设计事务所，1998）

“东京游牧少女之包 2”（伊东丰雄，建筑设计事务所，1989 年）1985 年的发展型，比利时布鲁塞尔展示

当然，建筑师的工作必须与生活相关，但并非是对应每天的细微生活，也不是建造将特定生活形态变为可能的住宅。建筑师并非生活专家，而是创作住宅硬件的专家，展示可对应许多事情的‘物体’——住宅。由此，居住者可以得到合乎自己生活方式的住宅（《住宅特集》1998 年 11 月刊）。”该作者以住宅设计为主要活动，其宣称“建筑师不是生活专家”的含意极为深刻。

据说有的建筑师“在商谈之初，为了设置壁柜，对房主的物品就连一把叉子都认真查对过，以设置适当的场所收藏各类物品；还有人指教房主的生活“不要在这墙上挂画”之类；也有人抱着“只是制作收藏人与东西的箱子”的意识来划分空间界限；等等。制作者的立场与想法也是五花八门无奇不有。

抛弃废物　走进城市

当今时代在变，物品全盛的时代正在离去，真正喜欢的玻璃杯 1 万日元也买，但不需要的东西白给也不要，就是这种感觉。电脑普及，书籍、书信、照片、唱盘、日记等收存进电脑，并通过网络线路可以共享。人们究竟还需要什么东西？

1985 年伊东丰雄发表了“东京游牧少女之包”的设施，提示出在物质极大丰富的城市中生活，住宅就是获取信息的工具，有 TEL/FAX，要去上街时有打扮的镜子，想休息一下有可以喝咖啡的小桌，再有一张包围自己世界的薄膜就可以了。1994 年时装设计师津村耕佑发表了全身遍布口袋的外衣“FINAL HOME COAT”。

“FINAL HOME COAT”（津村耕佑，FINAL HOME，1994 年）

口袋里放入卷起的报纸可以成为隔热的外皮，放入食品、医药品，灾害时被迫离家也可以生存。这是缠绕在身体上的高端住宅。

此后，泡沫经济崩溃，被迫离家露宿街头的人迅速增多，车站的地下通道里，1 叠（约为 91cm × 182cm）左右人体大的纸箱房排列，薄墙的内侧挂着生活用具。在里面蜷缩着身体，现实中的这种样子就是“最终的家”。还有，公园里也出现了帐篷村落，时而飘出磁带的音乐，人们有时去打一天工，多少有点钱，就在方便店购物，朋友共饮，意外地获得了自由的家，他们在城市的漂泊生活也是靠着一片薄篷布。

“东京游牧少女”在路易斯·巴顿的名牌挎包里放入手机、化妆盒，在网吧咖啡店或涩谷的俱乐部混到天明，竟然舍弃了居住的“包”。信息连接的手机是进行城市自由漂流必须的生存工具，是记忆与放心的储藏库，也是自我满足的随身音乐播放器。

我们这样就能够一身轻了吗？

由物品看本质

漂流的少女为什么持有名牌？总可以猜想到。一定是放心、自我满足的支柱已经被“附加价值”替换了。

“附加价值”温柔地搭讪说：“生活丰富有多好啊”。创造者担负着促进消费的重任，以创意来做外包装，“新产品”不断出货上市，100 日元的杯子变为 1 万日元的酒杯，买方也认可。所谓“放心与满足”只是自认为的幻觉，但人们追求这样，产生“附加价值”的设计与保险及宗教的作用相同。所谓“创造者”实际上只是名字，其实什么都没有创造。真正的创造者应是默默无闻生产稻谷的农家，凿切木材建造房屋的工匠。

这个不容乐观的时代，被称作设计师、作家的人增多，都办起设计室之类，乘着时代的潮流，声称“创新”，卷入附加价值战争的漩涡，这很危险。建筑的确也是物品，但当你厌倦了时却无法简单地丢掉。

考虑一下物品与壁柜，看上去像是无聊的题目，却可以与“人与物品”这样的主题匹敌，由动物本性到时代、社会背景、个人生活哲学，各方面都可以牵涉到。房主“多些壁橱”的要求已经听得太多了，可是一旦一步一步地迈出去，那就会涉及潜在的建筑根本性的问题。

须永豪

“范斯沃斯住宅”（密斯·凡·德·罗，1951）以铁柱、玻璃完成。（引自：《建筑文化》1998年1月刊）

21 细部与表现

细部的意义与重要性

搞建筑的人大都知道“细部有神在”这句话。密斯·凡·德·罗的“范斯沃斯住宅”（1951）以铁柱、玻璃的组合，简单明 地告诉我们这就叫“细部有神在”。

在自己的实际设计中，曾经自信地说过：“这就是有神在的细部”？达到过这样的程度吗？怎样才能实现出色的细部，至少要知道出色的细部是什么样子。在此，我们应思考这样的问题。

物与物之间连接之处形成细部，一个建筑物是由人力与机械，堆积起巨大沉重的材料建成的。所以，到处都有物与物之间的连接。连接的方法有钉子、有胶粘剂、有吊轨加载滑轮移动等等，多种多样。其连接方法具有意义，各自都有各自的理论，细部就是由此诞生的。

公寓以及为销售建造的住宅等经常使用软踢脚板，由此可以看出其细部的合理性。地板与墙壁接续之处出现的缝隙，若精心施工，没有踢脚板也能充分细致装饰，但在大量生产的工地现场这显得很奢望。于是，出现贴上其他材料掩盖住粗劣痕迹的想法。树脂类的软材料按长度简单切断，用胶粘剂粘上也很容易，材料也很便宜。即软踢脚板施工简便，是贯彻低成本生产理论的细部。

就这样的一个软踢脚板，其设计也有多种多样的意义，软踢脚板可掩盖施工上的粗糙，并且不仅仅是"有逃路"，还有其他的作用。譬如，吸尘器碰到时墙壁不会受损，抹布擦地板时不会湿到墙壁，具有在生活中使建筑物持续保持清洁的功能性意义；也还具有表现意义，根据软踢脚板的尺寸、材质、颜色等对空间的印象大为不同。譬如，地板与墙壁相接之处如何表现，达到腰壁的高度，表现为基坛形式。或是相反，仅在地板平面略高处作为"接缝"，使墙壁突出的表现，可以这样来控制造型。从造型意图出发，也有不用踢脚板的情况。不用踢脚板的情况时，对房主说明意图，如果那样会获得美的共同感觉，在清扫时，就会养成小心吸尘器不碰墙壁的习惯，没有踢脚板也完全没有问题。细部表现扩大到了与房主的关系上。

漏雨及建筑组件有问题也与细部设计有关，细部设计可成为问题起因，也可以成为问题的预防措施。所以，在此意义上的细部也是必须要慎重的。顶棚掉落，稍有地震玻璃便碎裂，这种事故多是细部的原因，这有可能成为人命关天的大问题。一旦事故发生，究其原因，若是按照设计图施工造成的结果，那设计者就必须负责。因此，细部也是必须要深思熟虑的。

我们观察建筑物的细部，思索为什么要这样做。有时可以发现设计师的用意与努力，有时也会发现偷工减料粗制滥造的表现。不仅是建筑师，工作人员及工匠的力量和姿态也表现在其中。

出色的建筑中有出色的细部。希腊神殿、哥特教堂、印度寺院等都有富有魅力的雕刻装饰的细部。品味高雅的住宅设计作品，

白色之家（坂本昭，设计工房 GASA，1996）

可以观察到细部的材料、尺寸的选定、空间的效果、包括与工匠关系等综合性内容。可感受到各个细部的深奥与广阔，有不尽的情趣。

决定细部的主要因素是材料、尺寸、做法。使用何种材料，以怎样的形态，多大的尺寸、怎样安装完成来决定的。如果以五分之一或原尺寸大的图面表示，可以与工地现场的监理及工匠商讨，这也是表明“自己想这样做”的意思。

清楚表明意图“要这样表现”，这是完成细部的重要指针。想建造的空间如果很抽象，窗框、门框等要加以遮蔽，墙壁上端的横木要去掉，墙壁要保持平面时，要想做得彻底，同时保持功能性、施工性、耐久性等，即顺畅合理地完成细部，需要有相当的实力。坂本昭的“白色之家”(1996)以白色的平面构成，细部充满了美丽的光线阴影。看上去简单，似没有物质感的表现，但若没有细部的精湛造诣和努力是无法实现的。

决定细部的基本要素是要能够做得出。虽有详细的图纸，但没有工具、难以入手、无法获得材料，这样的基本条件不具备，那就做不出。变形、走样、无法消除施工误差、太费事的话，工匠就会反感。工匠认为只有不懂制作基本事项的人才会描绘这样的图纸。关于长年变化以及强度也是很难清楚判断的。工匠们日常接触材料，熟知材料特性，可以听听他们的见解。这种细度无妨碍，那样的厚度承重不住，这些都很有用。积累经验，彻底学习了解材料的特性，这是最理想的。若没有这样积累经验的环境，现场听取工匠的意见，进行细微调整，决定如何处理，也是一种做法。

实际上能不能做也还根据预算，必须低成本完成，那只能用与之相应的细部。必须清楚判断应重视什么，割舍哪些才能压低成本。1 坪（1 坪约 3.3m^2）60 万日元的住宅与 1 坪 100 万日元以上的住宅，考虑细部的方法必定有区别。

竹原义二对细部的成本意识作了重要描述："低成本的住宅中，要意识到如何利用朴素材料的长处，不要重复装饰作业，采用的结构材料还要兼有隔热与装饰性能。物与物相接之处要简单完成。细部其自身不是自我强调，而是在所在空间的含意中，进一步或隐或现表现出自然的姿态。"（《建筑知识》2005 年 4 月刊）

有时为了满足矛盾的要求，被迫重新考虑细部。想让视线通过，但又要确保私密，想做得牢固但又要显得轻薄，这样的矛盾情况成为重新考虑细部的契机。住户具体的生活要求与建筑师"这样会美丽"的审美意识对立的情况也会发生，由此以新的创意来对应，设法解决问题而进行设计，思索出有创意的细部。最基本的就是意识"如何表现"，同时考虑"如何制成"。

"如何表现"要按照自己的方法，但那不单纯是自己的喜好，而要使之有更深刻的意义，加深对历史的认识也起作用。现代派设计是经过 1960、1970 年代的现代批判、1990 年代前后的现代标

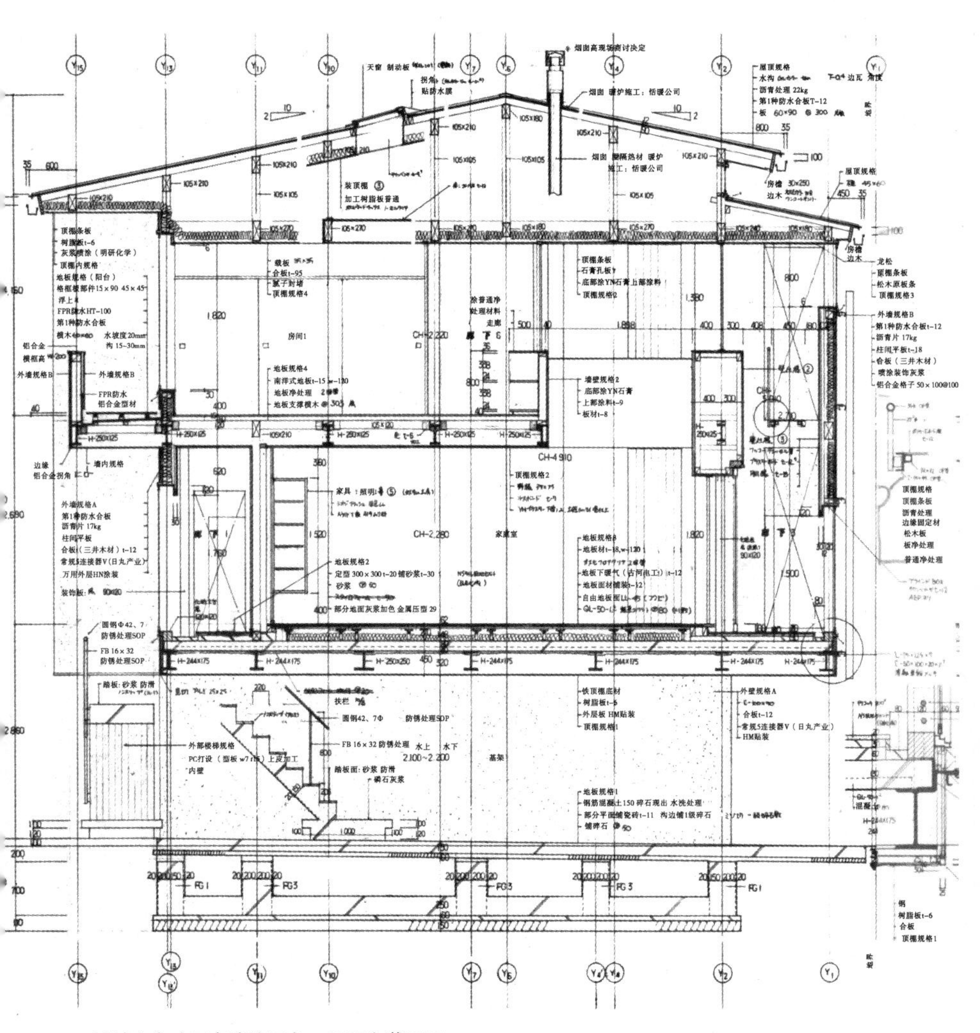

城崎之家（无有建筑工房，1997）截面图

缪拉住宅（阿德鲁夫·劳斯，1930）

志主义而形成的。在各个时代的设计中，含有各个建筑师各自的意图。俯瞰那些集中体现的事物，可以了解那个时代的表现。本国的、传统的、各种各样的建筑表现，可作为我们今后的参考。在这些历史事物中探索与自己相关的东西。由此发现自己想做的和应该做的事情，找到细部表现的方向。

作为装饰的细部

我们的视线投向建筑物细部，找不到建筑物及空间的丰富细部就会感到不满足。在现代之前的建筑物中，丰富的细部起着重要的装饰作用，而现代建筑将装饰作为非合理的无用事物加以摒弃了。

20世纪初，阿德鲁夫·劳斯出版了一本有煽动性题目的书——《装饰与犯罪》，将装饰是非合理的，落后于时代的观点传播向社会。以今天的眼光来看劳斯的缪拉住宅（1930），客厅墙壁上镶嵌的大理石就是极过分的装饰。在现在的住宅设计中，在木柱上涂浓茶形成一种古旧的感觉就是一种装饰，利休茶室的土墙壁中掺和稻草等都是装饰的实例。

哥特式教堂施以各种雕刻，印度寺院外表布满神的雕像等，社会中，共有的宗教观、世界观就是装饰的根据。在今天我们的社会，那种象征意义的装饰很难放入建筑，那会一举成为俗恶的事物。

现代建筑失去了细部的丰富性，今天我们是否应该更好地考

窗帘盒上贴着独特的壁纸（“鹤川之家”安井正，立体科学，2005）

虑再次恢复这种设计的可能性。

我设计的一个住宅，自我满足地尝试用电脑打印机打印出独特的壁纸，不是大量生产的产品，只是居住者尝试自制喜好的壁纸。集中了世界庞大种类免费彩色照片，选取喜欢的样式，在电脑中加以调整后打印在卷纸上，然后贴在墙壁及窗帘盒上。

现在，住宅、家庭、生活方式越来越多样化、个人化，细部的表现增加了住宅的丰富性。房主的部分自我制作也是改变建筑物与房主关系的可能性之一。应该重新认识装饰，这不是现代的课题吗？

怎样展现出色的细部

细部可以说表现着各个设计事务所独自的特点，所长的喜好、价值观、思想、作为建筑师的姿态都集中表现在细部。今天，细部用CAD软件可以简单地复制、粘贴，细部背后的支持理论及形成过程中的绘图也许可以消除了。

但是细部中有含意，尽管看上去完成得似乎没有任何变化，只是通常使用的材料与方法，极为普通的加工或安装。但也许其中包含着从以前的失败中学到的经验，能够探索深思这一切的职员成长是迅速的。

是否使用现成商品？若不使用现成商品而完成为高质量的细部，其成本也可能偏高。挑战新事物会有意想不到的问题发生，风险高。尽管如此也要鼓起勇气实现某种想法。要这样来完成细部，这样才能锻炼自己，才能成长为建筑师。

有时会失败，也许完工后客户表示不满，这时不要回避，不要把责任完全推给施工者，要以诚相对，这样不满也会转变为信任。从失败中学习，这确实可以提高自己的细部能力。

当今围绕设计的条件越来越复杂，根据重新修订的法律，必须设置火灾报警器、24 小时换气。与其去想制度的修改对否，认为"没有必要这样规定，"不如该设置的就设置，一定会发现完美的解决方法。顽强地实现细部，这样的姿态才能产生出好的建筑结果。

观赏优秀的建筑作品，发现其细部表现出色，眼睛会停留在那里，感受到建筑师在此付出了心血。建筑杂志也经常刊载细部详图，杂志刊载的细部是非常出色的，但并不一定值得模仿，很多开口部之类虽然样态极高雅，但操作性、气密性却很差。观摩会是感受建筑师水平的好机会，可以学到很多东西。

最终决定细部的是建筑师自己，房主能够判断生活事项、预算，但很难对细部图纸进行指点提出意见。房主在那里居住生活，细部与生活如何相关联，只有自己充分想象，如果是住户会有怎样的感觉，最后尊重自己的自身感觉及价值判断。

安井正

22 冷热环境

从冷热环境考虑建筑

如何对应暑热、严寒，对此问题当今的住宅设计一般仅限于设置空调、地板暖气、加双层玻璃、隔热材料之类。对如何进一步综合考虑冷热环境却视而不见。

建筑物有能源进出，或是建筑物与环境相呼应。这样认识建筑物，可以将一个内闭的整体，从静止的、固定的形象，转换为开放的、活动的、柔和的、有气息的生命体的形象。

弗拉与福斯塔共同设计的"自动化住宅"（1982 设计方案）中，两个测地线圆顶建筑物形成双重外皮，两个圆顶各自旋转。

"圆顶的半部镶嵌着玻璃，其他半部为硬质物体。夜间完全遮蔽，昼间可以跟随太阳的轨迹。或冷或暖的空气在双重外皮中间流动，利用某种植物所具有的温冷效果方式，可形成内部的微气象环境（《a+u 临时增刊：诺曼·福斯塔：1964—1987》1988 年）。"

这是与环境对应的结构体，其不停地慢慢旋转，同时生成室内的微气候。虽详细方法不能确定，但这一构思很出色，宛如建筑物成为一个生命体，根据环境的变化静静变动的同时，内与外之间进行能量交换，连续保持动的平衡。这一形象与最近引起关注的生命观也相通，令人想起 1960 年代风靡一时的代谢主义（METABOLISM）。

“自动化住宅”（弗拉、福斯塔，1982设计方案）模型
引自:《建筑文化》2001年10月刊

韩国的暖炕

最近，可持续性在住宅设计中也切实讲求起来。其中，难波和彦发表了《建筑的四层结构》，以矩阵理论作为可持续性设计的基础理论。这是在威特尔韦斯“实用、强固、美观”的建筑定义中加入了能源要素。威特尔韦斯所说的“实用”与功能及平面规划相关；“强固”与结构、施工的生产及技术相关；“美观”是指表现，即光线、材料、形态的设计，或建筑的文化侧面。这三个要素相互密切关联形成一个建筑整体。这是威特尔韦斯对建筑的定义。难波在威特尔韦斯的这三个要素中又加入建筑能源的要素，提出了将建筑作为能源控制装置的观点。

传统的环境装置

住居的原本目的之一是为了躲避风雨、暑寒，所以住宅的形态不可能与当地的气候风土无关，现代以前的传统住居中也有各种调整冷热环境的技术。

日本古代的竖穴式住居是为了取暖而掘土进入地中的。京都传统的街屋中，设有坪庭，促使日照充足处与日阴处产生温差，自然通风。坪庭也是为了获得舒适气温环境的装置。京都的加茂川沿岸，至今在夏季依然搭建临时高台，作为吃饭及休息之处，这是获得荫凉的智慧。在檐边挂上垂帘挡住日射，激水也是获得凉爽的文化。

在韩国，有夏季的房屋与冬季的房屋，住宅的居住生活场所可按夏季与冬季改换。冬季的房屋里有火炕，烧火的热气送到炕

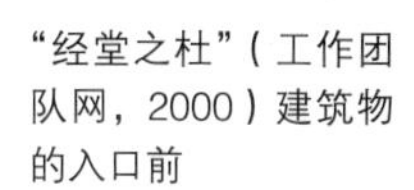
“经堂之杜”（工作团队网，2000）建筑物的入口前

下，温暖炕面，冬季房屋的室内还用白纸贴满墙面、炕面，防止暖气从缝隙泄漏。夏季的房屋地板高，地板下通风，开窗可南北通风，很凉爽。人们按照季节在这两个完全不同的房屋居住生活。

自然能源利用设计

称为“自然能源利用设计”的思想就是利用房檐及凉台、栽植落叶树以控制日晒、建筑物的设置在冬季可充分获取日照、设置通风良好的窗户及竖井等，以营造舒适的建筑物。设置太阳房，其中设有混凝土环围的土地空间及水槽等蓄热装置，积蓄日间的日照能源以夜间利用，这种方法也是自然能源利用设计的一种。自然能源利用设计的特征是不使用风扇及热泵等机械装置。

奥村昭雄等开发的太阳能装置，将太阳热储存在地板下的混凝土环围的土地空间，这一点就是自然能源利用设计。而使用导管与风扇，将聚集的热气送到地板下的机械部分来看，并非完全的自然能源利用，而是自然能源利用与机械组合的混合系统。

工作团队网从事许多集合住宅的自然能源利用设计，其中具有代表性的作品——“经堂之杜”（2000）使用了下列自然能源利用方法：

外部环境的设计：1. 保护5棵120年树龄的巨大榉树。2. 宅地南侧的空地栽植落叶树为主的植物。3. 绿化东西部的壁面及南面的廊亭，使建筑物整体笼罩在绿色中。4. 屋顶绿化（土厚40cm）。

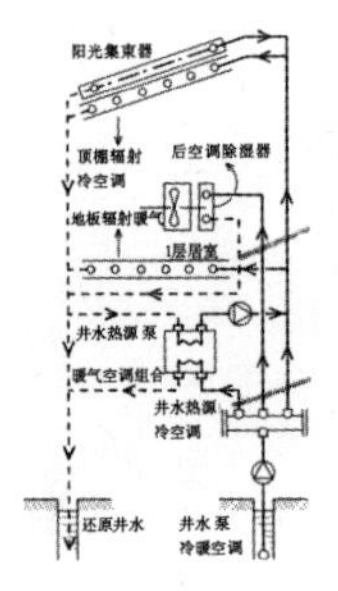

“夏房 PART 2 ”（设计：及川义邦，设备设计：叶山成三，1988 年）辐射冷暖空调系统图

建筑物的设计：1. 考虑冬季日照，建筑物南侧配置有意义的公用庭院。2. 考虑引入夏季的风，建筑物分割为 2 栋以形成风道。3. 为使冬季的日照及夏季的夜间冷气储存在建筑物混凝土躯体内，采用外部隔热方式。4. 所有房间使用双层玻璃，以提高隔热性能。 5. 设置栅条防盗门等，以便夏夜凉气充分流入（引自：工作团队网网页）。

通过这样积极的手法，创造出周围环境与建筑物的一体互动，巧妙利用季节及日夜的自然变化实现了高舒适性。

冷热环境的实验住宅

冷热环境的新尝试多在设计师的自宅进行。

设备设计师叶山成三在自宅“夏房”（PART 1 1970 年代，PART 2 1988 年）设置了利用太阳热和井水热的辐射暖气。在此之前已经有了所谓的地板暖气这样的辐射暖气，而这次却是让冷水流经顶棚的体系，通过冷却顶棚整体取得凉气。这成为以后冷辐射制冷空调体系的先驱。其目标是建造舒适的冷空调，没有冷风直吹的不快。按照叶山的理论：人的冷热感觉与其说是因温度，不如说是由自身体温散发的“速度”。

体温散发的速度“快”就觉得冷，受到抑制就觉得“热”。叶山的屋顶空调在日本高温多湿的夏季气候，冷却

“夏房 PART 2 ”（设计：及川义邦，设备设计：叶山成三，1988 年）

“住宅与工作室‘万’”（万工作室，2005）

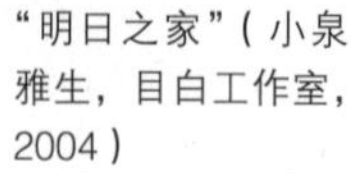

“明日之家”（小泉雅生，目白工作室，2004）

面的结露难以避免，于是想出了附加空调除湿器的独特方法，系统经过不断改进，现在医院的使用率有所增加。

塚本由晴、贝岛桃代的自宅“住宅与工作室‘万’”（2005）中，设置了利用地下水的冷暖辐射空调板。终年稳定在15℃的地下水用泵进行热交换，夏季制出18℃的水，冬季制出30℃的热水，流入辐射空调板，进行冷热调节。汲上的地下水有剩余时，还可以将剩水洒向外墙，通过汽化热取得凉气。

小泉雅生的自宅“明日之家”（2004）中，地板、墙壁除了隔热材料还放入特殊的蓄热体，在23℃以上时蓄热，23℃以下时放热。

以前也还听说过吉村顺三在自家浴槽下埋入啤酒罐，以提高隔热性。

给人深刻印象的冷热环境新尝试大多是在设计师的自宅进行，首先是因为这样的技术实验伴有高风险，也许实验不成功，或即使成功了却没有多大工作效益，实用性很低，或是有意想不到的麻烦发生，因为存在着这样的一些风险，所以在自己住宅中尝试，失败了也是自己的事。

不在自己住宅是否无法进行自己的冷热环境创新尝试呢？不是的。半田雅俊FF式供热器设置在地板下，向地板下送入暖风，窗下设隙口吹出暖风。已在数座住宅中采用这种火炕效果的热空调系统，积累了实际业绩。FF式供热器也有使用燃气或柴油的，也有设置线圈风扇的。有的地方有管道燃气，有的地方没有，按

FF式供热器

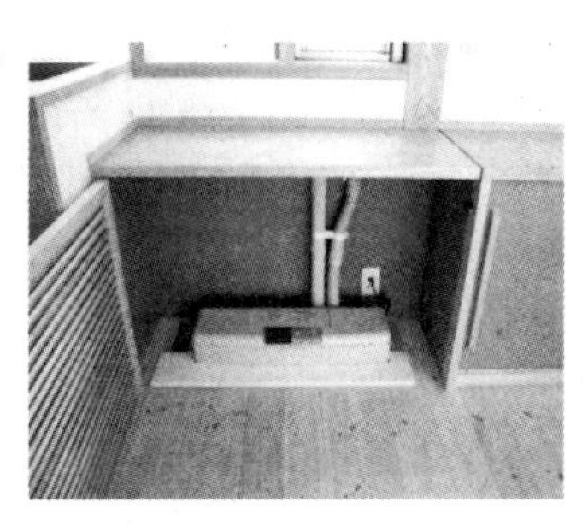

照地域性、房主的喜好、关心程度的高低、对机械操作的适应程度等进行考虑。根据是否只有这一种选择方式以及如何构成系统等因素来做决定。认真细致地对应房主及地域的个别性，以较低廉价格实现了一般空调所没有的舒适性。

挑战新事物要许多人协助，没有设备设计师、厂家、设备安装的技术人员等的密切合作，难以圆满成功。对房主不仅要有益处，还要清楚说明风险及不顺利时的对应方法。

这些冷热环境体系会伴随着维修问题，机械部分越多越容易产生故障。要建立起发生问题时的维修体制，定期检查和保养。

安井正

23 设备

高新技术取代落后技术

机器设备的配置是件麻烦事，建筑结构已经完成，想表现建筑空间的时候，常为麻烦的设备设置方法而苦恼。空调、照明器具、开关、电源插口板、换气扇、便器、水栓、门铃，大的还有家用电梯、升降梯、立体停车场等。

设备与建筑物不相融合的理由是其材料感与过细的精度。建筑物是用木材、纸、砂土、混凝土、铁等材料，由人在现场建造而成的。木材细了 3mm，混凝土的浇灌缺角，多少有些误差、粗糙是理所当然。与此相比，设备是塑料或铝合金等材料在模具中曲面成型，精度规定为小数点后千分之几的高精度的光亮的工业产品，与住宅领域完全不同。作为“住宅用”的设备多是设计得漂亮美观，而许多建筑师却选择“业务用”机器设备设置。

在住宅的规模、空间密度中，设备摆放的微小调整也会影响到创意和空间质量。要将其隐蔽设置，又有建筑结构体适合与否的问题。这样令人烦恼的机器设备，如何进行对应处理?

纯粹表现建筑的存在及空间时，不使人感到器具类的存在，可是设备类随着现代生活的要求逐渐在建筑中增多，在导入过程中，优秀的建筑师将其每次都设计得不起眼，其美学与完美的细部处理受到好评。然而，要隐蔽的东西如此增多，已经难以应对。

置入墙壁用网格隐蔽的空调

安装埋入式开关使用的凹部用皮革盖住（设计：须永豪）

在建筑的框架内应当表现为“隐藏”的，却到处冒出头来。建筑成为纸糊的壳子，线路如同躯体中的血管盘绕，从生理感觉就令人生厌。还有工厂的工业产品寿命短，必须定期清扫、检查、更换等，有这样的一些维护问题，设备隐蔽也带来各种麻烦。古旧的农舍后来加装的电线绝缘架，电线外露反而令人感到自然。当然，不同年龄段的人感受也不同。现代住宅的机器设备如何对应才好？

设备设置

设备设置的最大麻烦是空调，挂壁式空调的处理方法经常有一种是放在家具之中，以网格遮蔽，在网格内侧设置空气通路使气流顺畅流出。空气通路设置角度，可调整气流吹出的方向。

“森山住宅”（西泽立卫，2005）的房主也把空调设于壁内，门作为盖子平时遮蔽着。使用时打开门露出机器，卸下塑料内装板空调就会出现，初次看时吃了一惊，感到按设计者的决定，把机械像内脏般设置在里面。

同样是钢结构的“梅林之家”（妹岛和世，2003），在洁白的方形抽象空间里，随意地挂着普通的挂壁式空调，看上去像是影响空间性，在这种情况下，作为一体化的钢结构的表现方式，竟然选择了不加隐蔽的方法。不掩盖不隐藏，壳体外形与内部空间一致，恢复了建筑作为物体的纯粹性。这两个相似的建筑，设备的处理却完全相反，很耐人寻味。

"E&Y 21r+bp"（有马裕之、Urban Fourth，1998）

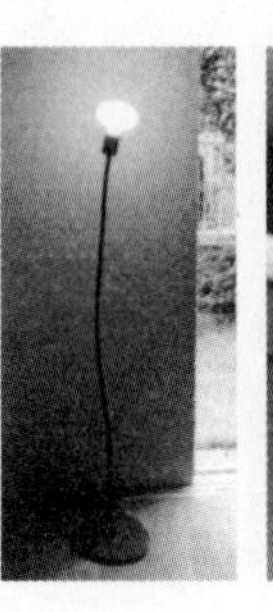

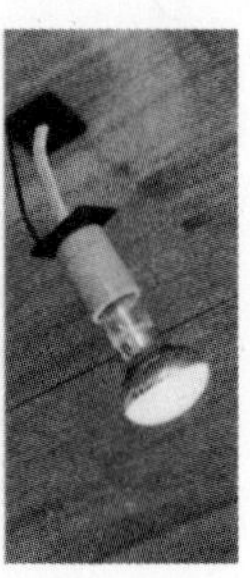

独特的照明 右：场所灯 中：吊灯 左：立灯（设计：须永豪）

房间的内装，若开关及电源插板随处可见，视觉上易于烦腻。所以，可考虑序列设置以及在房间中的位置，设置在高或低的位置可以脱离视线。另外，将其作为"某种装饰"，使用埋入式开关或古董式的外板等就会生出一些魅力。安藤忠雄的建筑中，不使金属外板的部分凸出，将其放在混凝土躯体内的凹陷部。比起墙壁这一物体，空间的直线更为优先，这体现了出设计师的立场。

灯具有隐蔽的间接照明手法，有马裕之的"E&Y 21r+bp"(1998) 利用建筑组件树脂波板的内部放入照明器具，使建筑物本身灯具化。

灯具结构简单，自己也可以制作，可以开发独特的形态。但照明会发热，热聚集以及靠近设置材料会有烧焦等问题，要充分注意防火散热。

我是以曲管灯作为场所的基本照明，在餐厅等聚集处使用吊灯等形态。以后，根据需要设计使用立灯。完成了这三个种类，就从厂家的产品说明中解脱出来了。空间不受现成商品限制会很清爽。

盥洗、浴室、厕所等用水之处的便器、水龙头、浴槽等大多不得不用现成产品，在无数种产品中选择什么，舍弃什么，相互组合的结果就是设计师的表现。

在建筑物外侧设置有许多设备，并非住宅的"蓬皮杜文化中心"（伦佐·皮亚诺、理查德·罗杰斯，1977)，众所周知是积极对应充盈设备而创意的现代建筑。当初，这一文化中心出现在巴

"阿佐谷南之家"的地板（小山广次，2004）

黎这一传统保守街区时，曾引发过广泛议论。高技术建筑这样的分类名称相当出类拔萃，其他可以类比的不多。该建筑并非仅是设备外露这一种技艺，还显示着建筑所具有的强固与魅力，同时与设备共存。真是不愧为建筑名作。

今后，可以改变住宅的设备之一是家庭电梯。"阿佐谷南之家"（小山广次，2004）是沿着城市街道建造的宽敞的4层住宅。夫妇二人为度过70岁之后的人生而建造的。贯穿房屋中央的家庭电梯中，光线由天窗洒落。电梯作为动线连接各层。这一朦胧的亮筒联系着二人宽敞的家。

"螺栓之家"（雷姆·库哈斯，1998）中，电梯成为这座建筑物的瞩目之处，用地很大足够建造平面建筑，但使坐轮椅的房主得以入住多层住宅，由此发现了建筑崭新的可能性。建筑物尽管是固定的，但电梯笼上下移动，使内部空间结构变化，连场所性都改变了。看上去像是在住宅上下楼层间巡弋，但大的电梯笼如果慢慢地上下移动，内外的意义就会发生逆转。乘电梯笼上下的人所感到的序列，与眺望电梯笼移动的人所感觉的序列不同，"移动的是太阳还是地球？"导入了设备机械使得建筑产生可动的新序列。

看了这两个住宅获得了勇气，完全没有必要为了人性化目的而使建筑保守。

如同这样的例子所示，设备的处理方法可以表现出该建筑物的本质以及设计师的立场。"想要空间纯粹"、"要作为物品直率地

“螺栓之家”（雷姆·库哈斯，OMA，1998）

"LOVE HOUSE"（保坂猛建筑都市设计事务所，2005）

对待"等，都决非是按照场地随意安置，而是按照自己的建筑主题对待处理设备。

"没有设备"的自由

设备使得利用建筑更加自由，厕所或浴室如果没有窗户也可以靠换气扇解决问题。现代生活没有设备很难顺利进行，并且其改进的速度惊人。今后，也会有全新的设备及基础设施出现，不断组入住宅之中。建筑、内装、给水排水设备、电器设备，其寿命长短不一，如何协调，适当地用于建筑，如何DIY（Do It Yourself 自我解决），难以预测的住宅设备课题堆积如山。

在这种情形下，我们开始感到由方便性带来的不自由，最近的建筑杂志中经常刊出烧柴的暖炉，这里闪现着健康可持续性、自然、朴素的要点。20世纪的技术时代将回转步子了。

保坂猛在自宅"LOVE HOUSE"（2005）中不要照明，三分一博志不依靠设备的空气循环式"空气住宅"（2001）、"石住宅"（2005）等都是现代的建筑表现尝试。

也许如何消除设备会成为今后建筑的课题，"不用电"、"不要燃气灶"、"不要水管"，最后保留的只是个空空如也的箱体。当最终成为那样时，也称其为"住宅"吗？功能被简化的生活场所中，休息场所的意义浮现出

“石住宅”（三分一博志建筑设计事务所，2005）

来，住宅也许会接近成为冥想及祈祷的场所，有人说过“好的建筑产生出色的废墟”。

设计最紧张时，不妨想像一下，如果所有的设备及目的都从这个住宅消失了，这个建筑要存在吗？想像一下，“蓬皮杜文化中心”那些个管道全部拆除，那样的一座建筑会显现令人惊讶的美丽裸体给我们吗？

须永豪

论坛

设备的潜在问题

以前，出现过因为新建材、廉价家具等原因而导致住宅有缺陷的问题。现在，出现了因设备机器及电器产品带来的健康受害问题，电磁波过敏症、化学物质过敏症这样的词汇也出现了，并且还有尚未明了的领域。当发现了住宅有缺陷、有石棉等问题之后，就已经太迟了，所以现在要主动警戒。

譬如，公布的电磁炉在靠近炉体 30cm 处测定的电磁波数据为 10mG（Gauss 高斯），但做饭时不可能离开 30cm。在 10cm 处、5cm

处的测定数据为数百 mG(电磁波是距离乘 2 的反比)。而在欧美电磁波对人体的容许标准为 2mG，日本的容许度超过其数十倍。如果是孕妇正好也是婴儿所对着电热炉的位置。根据电磁炉厂家的说明书，“电磁波有可能造成心脏起搏器误动作。”

也有其他因电器发热而产生电磁波的情况。特别是地板的电暖气及电热毯等，人躺在上面电磁波直接对着大脑。最近才出现了不产生电磁波的地板电暖气及电热毯。

变压器、荧光灯也产生电磁波，因此出现了应该使用白热灯的见解。

最好的自卫方法就是不用家电，但高压线却避不开，虽然根据送电量有所不同，但一般是数十 mG 的电磁波 24 小时不间断。

以前，有房主想购买附近有高压线的土地，检测出有 30mG 的电磁波，二层、三层越靠近高压线就越会出现高数值波幅，数值应是很高的。夏季送电量高峰期，电磁波也会更高。房主最后放弃购买那块土地，而买了其他更好的地方（但现在高压线附近的那块土地上建起了房屋，不知是谁住在里面，感到心情极为复杂）。

在日本生活，看惯了高压线下的住宅街区。而在瑞典，高压线下 1,000m 到 500m 的范围内禁止居住。对待眼睛看不见的电磁波问题，根据不同国家见解也不一样。

由这些电磁波引起的健康受害病症多为白血病，作为 WHO 项目的一环进行的调查证明：在平均 4mG 以上的电磁波环境中，儿童的白血病发病率增加 2 ～ 4 倍（2002 年公布）。

电磁波问题难以下结论，还有待于今后的专业研究，但如果对其有担心的话，可以自己进行测试，电磁波检测器5000日元左右可以买到。

水管如果是以前的种类，就会有铅成分溶解出。那么，现在的氯乙烯水管是安全的？也不能这样说。根据《不要用！危险！》（小若顺一、食品与生活安全基金会著，讲谈社，2005）氯乙烯管会分解释放出一种称为氯分子的致癌物质。另外，有机锡的食品包装容器中也有卫生劳动部禁止的物质溶出。耐热管的媒介聚脂管以及聚丁烯管中有可能使用了环境荷尔蒙物质双酚A。这部著作认为“水管的安全性只限于不锈钢管。”

这样的设备潜在问题只能由设计者自主对应处理，在有缺陷住宅的建造时期，我将注意到的问题在互联网搜索，找到了很多信息，但可信度只能靠自己判断。若以后出现问题，感到痛心的只能是自己。委托我们设计的房主与家属将每天在此生活一生，家是无法改变的。所以，对于新事物要谨慎对待。

须永豪

24 营造空间的照明

不可思议的光

人类发现了用火，于是以往笼罩在黑暗中的夜也像白昼般明亮起来。在被自然支配的黑暗世界中，开始了人的节奏，这是文明的第一步，光明是神秘而令人恐惧的，其反衬出的阴影世界深奥不可捉摸，引发人们的联想。光明具有存在感、吸引力，"神在火中"，在节日及仪式中燃起火，起着创造中心气氛的作用。在尚未开化的土地，火也被称为"太阳的碎片。"

以后，火演化为火把、篝火。再以后，又有了蜡烛、灯笼，油灯、汽灯，一直发展到今天的电灯。随着时代，不可思议的光照已经到处普及，直到住宅的各个角落，街市也全都照亮了起来，黑暗被驱逐到生活之外。

日本的住宅过于明亮，灯泡在街上的电器店里可以买到。阴影交织的不可思议的世界中，设置灯具让房间明亮起来，这一想法实现了，各家的顶棚吊着圆形灯，夜间人们也像白天一样生活起来。

谷崎润一郎的《阴翳礼赞》(创原社，1946) 中，述说了以往日本人极为自然的"光与影，暗影中的美。"日本建筑的大屋顶、深遮檐以及格子门窗，可在外观上刻意产生深影。还有映入隔障的庭树院影、朦胧月色等。其作为一种情趣和风情融于生活之中。

谷崎润一郎的《阴翳礼赞》(中央公论新社，1975袖珍本初版)

谷崎说道："大的建筑物，最深处的房间，光线几乎难以完全到达。黑暗中，以金遮帘及金屏风分隔为数间，远远的庭院之光微微映入，像是梦里的情形(《阴翳礼赞》)。"幽暗中，金箔像是产生异变，形色暧昧，在阴暗空间里浮现着妖气，涂施金箔的佛像等也在暗淡中泛着微光，生出神秘的色彩。谷崎生活的时代与现代的情况已经大不相同，但对于光与影的想像，仍可以给我们一些光设计的启示与引导。

人对光亮的感觉同当地的自然环境及生活节奏也有关系。例如，北欧人与日本人对光亮的感觉是不同的。北欧的纬度高，太阳的高度终日都低，光波长，色温低，这种光作为自然光的感觉。与此相比，日本的纬度低，太阳在一天中的高度变化大，因而色温变化也大。对日本人来说，色温低的光感觉是黄昏，用色温低的白炽灯照明等有光暗的感觉。据说，这是日本不使用白炽灯的主要原因。尽管获得有效果的照度，但这光是否能对场所形成舒畅的心情，这是处理光照的难题，有必要平衡效率与感受。并且不能把光亮作为住居的附属物，而要作为住居的一部分，将"太阳碎片"放进空间中。

光的效果

考虑照明规划时，要能够理解光的照度、彩度、色温度这样的尺度。但光并非是固体质量的事物，光能够给予空间深度及质感效果，光具有影响人心理的特性。同时，光的表现方法多种多

京都街屋小路的灯光

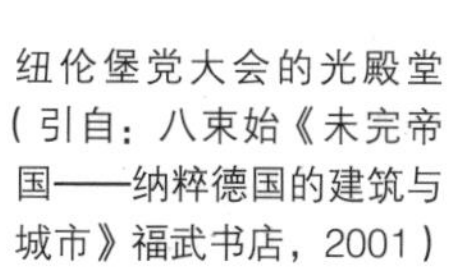

纽伦堡党大会的光殿堂（引自：八束始《未完帝国——纳粹德国的建筑与城市》福武书店，2001）

样，令人心静的明暗度、让桌上的餐显得美味的光、提高工作效率的光、照清脚部或手部的光等。光照设计要根据那个场所要求什么样的光、怎样处理和表现那个场所，以及光源的种类及设置位置，与反射、扩散方法等技术问题也都有联系。

光碰到了物体才开始作为光被人认识，当照明亮起时，我们并非是看那个照明器具，而是看光源所照的壁面、地板、顶棚、桌面等对象物。设置同样的光源，根据其反射对象物的壁面、地板的色调及材质，视觉及氛围的差异很大。

首先是考虑如何表现那个场所的特性。在图纸、模型上投光，发挥想象力，想象各种生活场面。门厅的入口道路部分、家庭成员集中的场所、细致操作的厨房及书斋、顶棚的高低部分等等，找出适合各个场所的光线。利用人的视线投向光亮处的特性，给予空间方向性及序列转换，也可考虑用来作为凸现壁面及材质的方法。光线还可以给人以温柔感或紧张感等心理效果。

京都街屋的通往深处的小路，门厅的入口道路设置脚步灯笼，间隔配置小的光源，这些连续的低重心光源与格子窗漏出的光引导房主及来客走向室内，唤起期待感与想象力。这不仅是某一处住宅，也成为街道景观的一部分。

1934 年纳粹德国的"纽伦堡党大会"，阿鲁柏鲁特·修派用 130 架探照灯垂直射向夜空，瞬间创造出强光的巨大殿堂。耀眼的光柱排列耸立天际，从外部向内部急剧变换。英国大使对当时情景记述道："宛如在冰的神殿中，庄严而华丽（八束始《未完帝

坂本昭的照明　右：白色工作室（2000）左：白色之家（1996）

国——纳粹德国的建筑与城市》福武书店，2001）。"这里的光是人们未曾体验过的空间，给人以强烈的印象。

住居照明

住宅设计中必须注意细微之处，特别是晚餐时间，由此白天"动"的时间结束，转换到夜晚"静"时间。在现代生活中，夜也是明亮的。通过照明设计，有意识地转换体内动与静的感觉，这也是要点。进餐场所的光线过亮会不沉静，荧光灯从上部垂直照射也不适合餐桌的气氛，而吊灯或定位灯效果比较好，照射到餐桌上会形成柔和的魅力，也会带来就餐时特别的亲密度。在盥洗室等设有镜面场所的照明设计，若立于镜前时，光源在后，会使脸部形成暗影，设计成间接照明会有良好效果。

坂本昭的住宅有效利用间接照明，设于楼梯室的照明带给场所节奏感，引导人上下台阶。在橱柜家具下设置的照明突出了家具。另外，照明器具设法遮掩，使空间更为简洁、明确。据说其经常研究光源及埋入的尺寸、反射板、灯罩的材质等，不断在各个方面进行摸索才形成今天的形态。简单地说"间接照明"其设计及细部也有各种各样。建筑师的创意及反复实验使其不断升华。

保坂猛的"LOVE HOUSE"（2005）是根据"既非屋内，也非屋外"的概念设计的。曲线墙壁围起宅地，其中没有照明灯具和电视，唯一的照明是几支蜡烛，自然光及外部空气直接进入生活之中。保坂说："日月之光漫游于宅内，其姿影刻刻不同。仅有10

"LOVE HOUSE"（保坂猛建筑都市设计事务所，2005）

光之馆（吉姆斯·塔莱，2000）

光之馆(《外部》吉姆斯 · 塔莱，2000，建筑物自身为作品）

坪（1 坪约 3.3m^2）的微小场所，聚揽着地球上所赐予的一切自然要素，全都可以感受到（《住宅特集》2006 年 1 月刊）"。入夜后，曾被逼入角落里的暗影又反冲回来。这里没有一般家庭的照明灯具，一定十分不便。然而，没有照明反倒可以找回日常中遗忘的感觉。

吉姆斯 · 塔莱是以光为主题的现代美术家，将平日意识不到的光通过各种装置使人得以感知，创作了许多光的作品。例如，进入黑暗的房间，最初什么都看不到，渐渐地眼睛习惯了黑暗，可以看到微光闪现，或是宛如可以触摸的光块、或是雾一般无境界的模糊之光等等。作品的细部组成缜密严谨，从这些作品中可以获得光的奇异感觉及隐约暗示。

夜，太阳西沉，黑暗笼罩，我们制造了与自然天体毫无关系的人工光环境，掌握了生活的智慧，通过光线可以多种方法表现住居。光线带给居住者的心理效果、光线与场地的关系性、光线使用的方便程度、光线与各种各样事物的复杂关系，还有很多谜的部分。单是效率包括不了光线的意义，需要再深入探究，这会成为发现新空间的线索。

吉原健一

卡巴多吉亚（Cappadocia）
的石窟住居

25 与街道协调

书籍中的记忆

当今，考虑与街道协调是困难的课题。《非建筑师建造的建筑》（帕纳德·鲁德夫斯基著　渡边武信译　鹿岛出版会，1984）中介绍了闪着白光的爱琴海滨的街道、土耳其卡帕多奇亚（Cappadocia）的石窟住居、印度哈德拉巴托市（Hyderabad）的风窗住宅、意大利的阿尔贝罗贝洛（Alberobello）称为"斗笠（troll）"的圆锥形屋顶的集落奇景、砖石及草棚住宅等。这些在世界各地自然产生、建造的无名建筑及聚落那么富于多样性，适应地域特有气候和风土的创意令人吃惊，并由此形成普遍特征的街道。

周游历史悠久的欧洲等国家后回国，从机场返家的路上，眺望轻轨窗外延续的灰色街道，感到极为失望。仅仅数十年前，日本也曾是使用木材、土石、纸等本地材料，由当地工匠的技术建造起了富有多样性的美丽街道。但是，经济高速增长期以后，住宅产业化，以往富有风格的材料、组件，改由工厂大量生产，日本到处都排列起单调一律的规格化住宅，失去了地域及街道的特色。

多木浩二的《生存之家》（青土社，1993）中说："古住宅营造了风土性、材料（技术）、形态之间的平衡，带来一定的格式化，……家是人的外部记忆储存体的书籍，那里有与自然共存的方法，生存的节律，进而还记录了应达到的各种美的感性标准。"

多木浩二的《生存之家》（青土社，1993）

并且还指出，过去与现代的住宅建造方法差别极大，其不同之处在于是由“自己动手”来建造，还是由专业人员用机械来建造。“人曾经用手创造了世界”，即“手”成就了语言思考，起到了精神与世界联系的作用。不像现代，身体与精神如此分离。

当然，法律限制容积率与高度等是为了防止街道的乱开发，但对于特别保护区之外的美丽景观，考虑是不足的。从反面角度去理解，只要法律通得过，建造什么样的住宅都可能，大规模的住宅区开发及高层公寓、既无条理也无风格的杂乱建筑、因遗产继承而被分割的超小独立住宅等，现在的街道并非以“人的手”，而是以经济及信息的力量在形成的。

以相反的观点来看，在城市中，建筑物密集无序的状态、木结构楼房与现代建筑群相形对比、千篇一律的郊外住宅景色延续不变、圣诞时节各种灯饰的住宅街道等，这些可以说是新的街区景色。这些成为“弗里德兰德（美国纪实摄影家 Lee Friedlander 1934 ～）”为代表的各种小说、电影的舞台，也成为建筑的灵感源泉。

建筑是街道及景观形成的要素，住宅是家庭私有财产，同时也是超出狭隘私有性的“城市”的一部分。一所所住居聚集成街道，并且营造着文化和历史，住宅易于受到居住者的兴趣、嗜好的影响。在住宅设计时，必须考虑宅地及居住者，还要考虑街道与周围环境。在城市中心，平均占地 100m^2（30 坪）的狭小住宅，将如何与街道相联系？

"T-set"（千叶学建筑设计事务所，2001）

理解街道

首先从了解街道特征开始。街道具有怎样的历史，怎样的文化背景，由气候及风土形成怎样的住宅建造方法等，了解街道富有特征性的事物。狭小的开口、连接的树墙、屋顶的天际线、留存着旧城区风情的密集居住区、新建的住宅区、商店街现状等，加以归纳整理。住宅地区有区域用途规定、斜线限制、高度限制、日照规定等建筑法规的限制。这也影响到街区的构成及立体量。

了解街道的特征并加以整理，探索改善现状的方向。发挥街道特点，纳入地域的象征，考虑地区坐标的设计等，这样在计划推进中就容易看到要点或着眼点。譬如，在留有旧城区情趣的街市中，考虑其规模感、道路的构成、栽植的配置方法等，在设计中可以吸收有特点的设计要素。在毫无特征的新住宅区，这样的创意提案也可能成为今后改善居住环境的导火索。

西泽立卫的森山住宅（2005）建在市区留有旧城景色的住宅区，周围密聚着木结构2层的狭小住宅和街道小工厂，在其隙间穿插着小路和庭院，路边放有自行车、花盆等生活空间溢出之物，外部空间与内部空间交叉混杂。森山住宅是房主自用、友人居住、单间住宅出租的3部分构成于一块土地上，设计规划是大小各异的10栋楼房，各自独立，分别建造，大小各异的建筑物之间的空隙成为通路

森山住宅（西泽立卫建筑设计事务所，2005）

“T-set”（千叶学建筑设计事务所，2001）

阿佐谷住宅（1958）

和庭院，形成与周围城区状态相适应的空间结构，建造时代及材料也都不同，白色的立方体与周围的旧城区巧妙地协调。

千叶学设计的“T-set”（2001），一块宅地上两座住宅，宅地分割成不同的形态，哪座住宅都通过适当的空地形成距离感，发挥了空地与周围风景的作用。千叶学说：“在城市居住就是集中居住，但并非是龟缩在围住自己的领地里面，而是与街区连接才好。建造住宅给街区带来怎样的景色，从内到外可以获得怎样的风景，要有在那街区实际居住的感觉。从这种想法出发，把宅地分成面向道路的长方形与旗杆状的内部土地。道路方土地的建筑物靠南，这样整体宅地生成两部分，道路方住宅的南边是邻地的“旗杆”部分，作为空地保留，确保视线从深处的宅地可通向南北侧和道路空间。从市街看去，形成一片宅地上有两块空地的景色（执著住宅设计 http://sumai.nikkei.co.jp/style/frontier/11.cfm）”。在不断小块分化的街市中，建有同样形态的销售住宅，根据土地分割及配置规划，对街市产生出各种各样的可能性。

通向街区协调的道路

考虑住宅与街区关系的时候，有庭院、围墙等外围部分、外墙线、建筑物形状、近邻距离、前面道路与通道的关系等问题。

譬如，自行车的停放点、空调机室外设置场所、水电燃气管道、仪表类等要避免直接对邻居外露，应配置于深处，并避免繁杂化。屋顶及房檐线沿街区通过，墙及树墙与街区连续，这样的

街屋正在消失
的京都街况

情况也可作为设计的参考。在此看一下积极与街区协调的事例。

阿佐谷住宅（1985）矗立在嘈杂闹市中一块世外桃源般的茂密绿丛里，是日本住宅公团的集合住宅，有350户住户。由前川国男担任其中174户阳台住宅的设计。作为设计主题，这一绿色洋溢的设计规划“既非私有场所，也非公共场所。像是归属不明确的绿地一般。市民们以怎样的形态共同拥有住宅区团地呢？(《住宅建筑》1996年4月刊)”各住宅没有围墙，道路与建筑物之间设置绿地，可以自由来往。有放入坐椅读书的、有业余做木器的、有种植物的等等。绿地起着街市与个人缓冲地带的作用。现代建筑中的这种街景令人想起过去的通路、井边等相互交流的共有空间。

神奈川县真鹤町为丰富当地的社会生活，以“美”的概念制定了条例——“美的准则”。真鹤町人口不到1万，1990年代泡沫经济时期，被数十个开发项目所困扰。作为针对现行法规的规模、高度等的对抗策略，组织法学家、城市规划师、建筑师等探讨对策，维护本城镇的环境。条例中针对场所、规格、尺度、协调性、材料、装饰与艺术、社区、眺望等8个方面提出美的标准。并且，作为具体化的规则标准，提出69条要点与设计规则。真鹤町在国家制定的建筑标准法之外规定这一美的标准，不符合标准就不能进行建筑。各地的建筑师与当地自治体交换意见，对当地住宅进行咨询、策划以及组织工作等，这也是与当地密切联系的方法。

再举一个关于住宅与街道协调的事例。京都保留着传统的街道，细致的格子设计、屋外的竹栏、房檐下的小窗、可折叠的小凳、鳞次栉比的瓦屋顶及房檐，街屋的景色令人感到历史悠久。但是，近几年来，这种街景不断被破坏，作为传统保存区域之外的街区，没有法规限制。所以，连续的街景中插入了没有任何连续性的销售建筑和输入建筑之类。另外，木结构住宅建筑不符合现行法规，也有保存再生困难的区域。掌握传统技术的工匠不足以及相关的机械设备、税金及维修成本等问题堆积如山，保存与再生延续数百年的传统街市与住居紧要而迫切。

给街道以有特征的创意与配置方法，这些不只是作为美与设计要素植入住宅，各自具有自身的意义，经过长年累积而形成现在的形态。例如格子窗的装饰结构行人从外部看不到内部，但从内部却可以看到外部情况，内外划分清楚。称为“兔窝”的结构开口小，内深宽，细长的宅地中，配置坪庭等自然成分，承担室内环境调整的作用。解读各个街区的结构状态及设计意图，考虑如何融入街区，这是建筑师的工作责任。

吉原健一

26 改装、再生

改装是机会的宝库

不论是谁都会对现有住房抱有“再稍加整修”的心情，壁纸脏污、壁橱太少、漏雨、担心地震、间隔不合意等等。对一般人来说，盖新房是一生中的大事，但改装多少花些钱就可以做得到。对实际作品少的设计师，没有多少房主有勇气与眼力花费数千万资金委托其盖新屋，但是住居改装费用低，所以有机会。

有建筑师说“改装的好处在于涉及面宽。假若说医生、律师对落入平稳线以下的人只能恢复到0，而建筑师的改装却可以从负数恢复到远超过0以上的正数。”改装可以使房主得到极大满足。

实际上改装工作很有趣，新的创造物或有附加价值的增建，表层的更新，根据房屋手法多种多样。改装的共同之处是“不得不认可现有的东西”作为大前提，如何将现有的材料做成美味菜肴，把昨晚剩的肉土豆做成咖喱米饭一般，是受到制约的开端。

从现有的状况中去掉什么，留下什么，增加什么，取舍的选择比创作复杂。考虑解决房主要求的同时，尊重生活历史，编织进建筑的创造性，注意与现有建筑物的状态平衡，最后作为自己的作品自豪地把做成的咖喱米饭奉献出。这是设计师最后参加的协作。

设计总算完成，开始动工了。卸下顶棚，没想到却露出了碍

右：阿佐谷住宅（1997） 左：表参道花园住宅（2002 2处设计都是崛部安嗣建筑设计事务所）

事的梁，剥开壁面却碰到腐朽的框架。理所当然，会碰到没想到情况。改装并非仅靠设计，也包括工费的调整以及去见房主的费用，还需要有应变的能力。

改装难所以有趣。

理解建筑物现状

"理解建筑物现状"，应在接受设计委托及咨询的较早阶段确认建筑物现状。这时常会得出"不要改装了"的结论。若遇到大地震，《新抗震标准》（1981）以前的建筑物可能会彻底倒垮。不用说木结构，就是钢筋混凝土结构（Reinforced Concrete）的公寓都会整层崩溃，即便是没破坏到那种程度也没法再住了，很可能会丧失了资产价值和生活基础。

有工作项目来总是件好事，但不要马上兴冲冲地接受。这个建筑物真有改装价值吗？以局外人的目光、专家的目光冷静观察。根据现状，提议"有必要增强结构"、"还是应该重建"，这是很重要的。当然，"深爱"是建筑物的重要价值之一。有时，也有对希望重建的房主建议改装的情况。改装的工程费单价比新建还要高。作为建筑物的医生要看清症状，作为生活咨询专家要细致理解房主。

“月之家”（萨巴伊巴鲁设计室，2006）

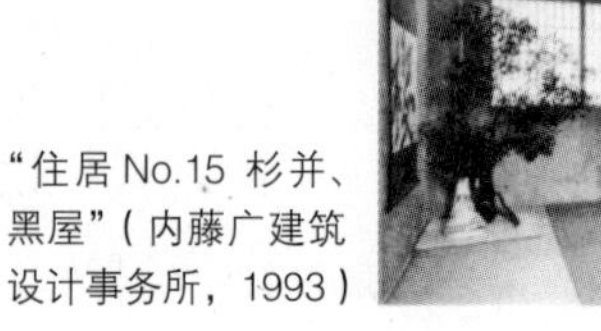

“住居 No.15 杉并、黑屋”（内藤广建筑设计事务所，1993）

改装是创作

由受制约开始的改装不利于创造性表现吗？不是的。崛部安嗣的阿佐谷住宅（1997）以及表参道花园住宅（2002）在原有的普通住宅设计几乎不动的情况下，只通过装饰、门窗组件、家具的操作，彻底完成了崛部特色的改造。

即便一片壁纸的换新也可以改变空间，考虑“壁纸如果是玫瑰色”，这就已经开始了空间制作。说不上是路易斯·巴拉干的风格，但色彩及其组合就具有无限空间。据说，巴拉干即便在新建房屋工地现场，也是边建边拆，直至满意。由此看是在用改装的方法建造住房。如果我们也用那样的方法建造住房，社会不会允许。但改装是半途开始的，巴拉干般的奢侈做法就有可能。

改装中意外的事可以引发创意，我设计的“月之家”（须永豪，2006）想增筑也只有 4m^2 外扩的可能，还要维持原先烧柴火炉烟囱的位置，增筑部分的平面形状成斜七角形，出现了非同寻常的居室。结果这一偶然的举动产生出恰到好处的空间变动。

内藤广的“住居 No.15 杉并、黑屋”（1993），贴上公寓的石膏板，现出粗糙的混凝土感薄层，工人在上面涂画的深色墨迹触发了创意，将其直接暴露在空间里。由此产生出与墙壁上悬挂艺术品的同等效果。

“道灌山之家”（千岛保建筑事务所，2006）

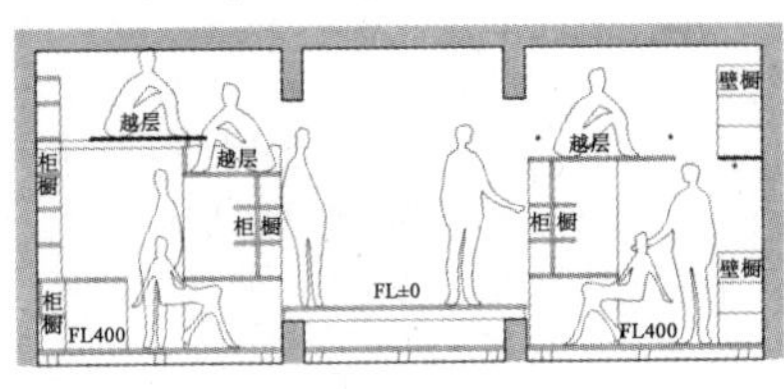

截面 S=1/150

"团地 up down"(中泽光启，中泽建筑作坊，2001)

建筑中蕴藏着的时间、记忆如何组入，这也是改装的创造性。"道灌山之家"(千岛保，2006)是两代人多年居住惯了的宽敞日本住居，内装使之焕然一新，动线也进行了改变，所以景色、方便程度、生活的丰富性都产生了巨变。但各房间的位置没有变化，不是改变所有事物。所以，场所含有的记忆不为他人察觉地保存着，今后依然可以延续。

钢筋混凝土结构(Reinforced Concrete)强固的躯体是坚实的"宅地"，宅地内可以自由地建造建筑。"团地 up down"(中泽光启，2001)以住宅区团地中的一户为框架，在其中架设家具形成了二层。平房住户也可以如此改变截面结构。

改变就可使用

政府也提倡"住宅使用 200 年"，废弃物资与建筑物的再利用到了进一步认真对待的时期。用途转用、循环利用的尝试真正开始了。"改换一下还可再用"的情况很多，"水塔"(永·库莱邦 1996)将废弃 60 年的水塔完全改换为住宅，由原来并非住宅的建筑躯体引发出了新的生活方式。

难以居住的建筑，若改换视点或改换居住者，情况有时也会完全改变。"大和町之家"(宗伏次郎，1974)的房主居住了 30 年，感到需要增设住宅电梯时，决定不进行改装，而是换到别处。其在杂志上登广告，引来了四位热切希望购买者。矗立在廖科的林雅子的"大山山庄"(1989)原是伊豆海边建造的"草崎俱乐部"

“大和町之家”（宗伏次郎，1974）

草崎俱乐部（现名：大山山庄）（林雅子，竣工：1964，迁移：1989）（引自：林雅子《林雅子的具体空间骨架》彰国社，1985）

(1964)，房主去世后建筑物被新的房主看好直接移走。建筑师的作品也有起伏，如果发现眼前有好的旧住宅作品，尽管历经岁月有些疵瑕，移走及补强的费用与新建相差无几，但这也许是获得出色住宅的确实方法。希望扩大这些特殊不动产的信息网。

无名的佳品

不知道30年前日本是否有“佳品”一词，现在，用完就扔一次性使用的浪费时代中长大的年青一代，开始认识到经历过时间的物品有价值，这是必然趋势。佳品牛仔服、古乐器、怀旧杂货等，不单纯是物品稀奇，好的东西虽古虽旧也依然是好东西。当时的一般物品，随着时间流逝魅力也在增多。

以往的“同润会青山公寓”(1926～2003)、无名的旧住宅区团地、木结构文化住宅，年轻人将其按照自己的想法整修居住。还有店主自己改装的吉祥寺小商铺。这些内装、家具、物品、人们可以按照自己的创意改变，宛如对旧衣服重新整修，与装饰物拼配一般富有乐趣，使空间的主要个性凸现得极为出色。只是美化空间的话，不需要什么建筑师。

日本留存了很多优秀的古建筑作品，假若想居住其间，所担心的问题很多，去除腐朽的根基部、增强抗震、换新水管、维修设备机器、修补雨漏、气密隔热等。另外，工程开始后，要具有现场解决能力，对应处理工地的各种故障，包括各种不测事态的预算管理。完美地完成改装十分困难，不真正了解建筑不会有好的改装。当然，我们必须具备专业的技术。

正因为改装难，年轻的设计师才应该做。在工地现场，有经验的建筑商、工程监理、工匠都会给予大量帮助，有时会受到房主的宽容而获救。将古建筑拆卸后再组装，才会切实感受其建造方法、耐久性以及问题。自己能够做到的全力做好，工作到精疲力竭才会感到总算找到了想要的东西。改装是丰富建筑、丰富人生的学习，并且可以很快获得答案，就像一个人的短途旅行。弗兰克·凯利的成名作“凯利自宅”（1979）就是改装作品，“自己的建筑”在什么地方出现很难讲。

与房主的最初交流，说明抗震、成本、表现的时候，话题有时也会进入“重新建造”，改装委托也会变为重建工作，没有理由不做。

须永豪

27 结构的细致化与简约化

是生活之器，还是艺术表现

围绕建筑师建造的住宅是生活之器，还是艺术表现的讨论很早以前就有了，1920年代就有过拙新论争，当时，日本早期的住宅设计师山本拙郎成立了称为“美国屋”的设计施工公司，建造了房主喜欢的西洋式住宅。他与作为弗兰克·鲁德·拉特的弟子而活跃的远藤新之间发生了论争。山本拙郎批评远藤新的住宅是建筑师过分细致化的结构建造，剥夺了居住者的自由。就连窗帘及桌椅都按照用户的喜好设计，这就会使建筑师的装饰意图崩溃，打乱了协调，建筑师会陷入连变换家具摆设的自由都丧失的境地。而另一方，远藤新反驳说：建筑应根据严格的规矩来建造，不是按照心情、小聪明及一时灵感来随意建造的。建筑师根据自己的感性与理论所表现的事物是有含义的。在那个时代，建筑师或许应具有启蒙的信念。

建筑师建造的住宅中，有的从计划到细部都完全表现着建筑师的意识。有的则相反，有意识地避开编入自己的意识，只像是一无所有的空间。建筑师被称为住宅设计师，要细致了解居住者的生活，尽力建造与之相适应的建筑。但是，在建筑师的作品中，对这种细致化建造持批判态度的作品也不少。

例如，石山修武的“德拉库拉之家”（1995）用波板做墙壁，铁板做顶棚，几乎没有窗户，外观宛如仓库或工厂。内部的钢架结构体原样外露，只涂了防锈漆。此住宅的房主是两位男性，美容师与艺术家，要求建筑师设计成飞机库的样式。

“两人说里面什么都没有最好，也不要间壁，也不要任何装饰，只要有空空的房间，以后自己做。因此，我也摆脱了不自由的框框限制。我也曾考虑过两人的理由，建筑师只准备空间就好，在那里如何生活是居住者的事。”(《GAHOUSE 47》东京ADA编辑，1995)

这里，有意识地避开了细致化的结构。专家追求洗练的原样，居住者按自由的灵感去构筑生活。这是其嗅到被束缚的不自由，由那里逃脱的自由表现。

但这座住宅也具有建筑的表现，部分墙壁倾入，设计也是长方形的变形，内部空间长的方向一条直线连贯的天窗洒满光线，营造出建筑空间的魅力。因为房主要求仓库或工厂般的空间，所以建成后到处都充满仓库的形态，那样的话，房主也就失去了委托建筑师的意义。虽说好简约化建造，但须细致建造之处也必须细致建好。可以说以后将触及的建筑秩序、架构、光线以及规模这样的秩序已完全细致建好。实际的建筑作品就是这样充满着复杂和矛盾。

“原野”与“游乐园”形式的发明

青木淳“原野”与“游乐园”(《新建筑》2001年12月刊)的

“德拉库拉之家”（石山修武研究室，1995）

文章中，讲述了孩童时代在“原野”游玩的自由。

“孩童们通过‘原野’可以引申出许多新的玩法，‘原野’的快乐是在那场所当场发明玩法。无法预测在那里今天会发生什么。这是很有乐趣的事。”

专家预先设想使用者的行为及感觉方式，由此而制作的空间是与“原野”正相反的“游乐园”。

“游乐园是表演，孩童可以获得何种乐趣已经预先决定了，由此反算而制作出的。当然这也很有趣。但是，这里所具有的自由度很少，过山车就是过山车的游戏，其之外的游乐不被允许。”

建筑之中也有“原野”类与“游乐园”类，工业设计师及建筑师如此亲切地对应使用者的要求，越细致地对应越是“空间优先，也越是约束居住者的行为及感觉。”青木如此批判。还说：目标是人与空间实现对等。

这样的想法受到年轻建筑师的支持。日常靠24小时便利店生活所培育起的一代，由市场的生产管理彻底的商品所包围，尽管平常过得很舒适，但依然憧憬不被管理的“原野”式，形成了厌恶“游乐园”式的商品及服务结构。

简约化建造为好的想法成为主流，可建筑师仍不能放弃细致化建造的性格。于是，将热情倾注于形式的制作，听说有建筑师制作100个、200个的模型。简约化的结构使自由度提高了，生活规范模式也不存在。房主也好，建筑师也好，不在乎实际在哪里生活，所以设计的自由度也提高了。所要追求的是明快的概念，

都筑响一的照片集《TIKYO STYLE（东京形态）》（京都书院，1993）

及其发现其高纯度结晶的形式。

至此，头脑里又出现了古典问题，每次都产生出不同形式的意义是什么？这不就是个人的直接表现吗？以往那样的普遍样板及为改革社会而制作的样板不具实际作用了。于是，作为个人表现成为一次性的了。媒体宣传的令人震撼的照片获得青睐，这逃不出消费社会差异化游戏的反复，如果社会改革的理想以及伦理等不可相信的话，那就在全球资本主义金钱游戏中，大模大样地按照虚无主义进行建筑吗？在这一意义上，现代标志主义也许就是时代状况的直接表现。

"TOKYO STYLE（东京形态）"与自我建造

1990年代都筑响一的照片集《TOKYO STYLE（东京形态）》（京都书院，1993）引起反响。极普通住宅楼内，经居住者随意改造的一居室里，名牌商品、乐器、录像带等居住者喜爱的物品堆积如山。照片集收集了大量充满鲜明个性的住宅楼房间，原本没有特色的4叠半或6叠榻榻米大的木结构住宅楼的房间里，居住者开始施放强烈的异味，将我们建筑师的设计吹飞，感到这一现实突然摆在了面前。同时，也感到了某种清新感，空间竟然可以如此自由地改变。

《TIKYO STYLE（东京形态）》是居住者自己建造的世界，当然内装师、建筑师都没介入。他们自己的兴趣世界当然是超过专家的。现在，房主通过互联网可直接查找建筑材料及组件，可以自己采购。古典家具、灯具也在网上拍卖，可以发现喜欢的和有特色的东西。所以，发生了房主比建筑师更清楚照明开关板的情况，这是理所当然的。

这样由自己挑选，彻底满足自己的喜好，这也许会引发自我建筑。从零开始建造自己的家，这需要相当的时间、体力和毅力，所以不会有很多，但实现了自我建筑的人才会接触到建造和居住自由的根本。

另外，信息如此充足，选择余地越来越大，反而自己不选委托专家的人也在增多。今后，按自己的兴趣做的人和委托专家的人会两极分化发展。

无论如何，我们住宅专家的作用不得不和以往的建筑师有所不同。

编入秩序

尽管抱有这种认识，也依然要细致化建造住宅的意义在哪里呢?

就像自古各种建筑师、历史学家所说过的那样，建筑师的工作本质是"建造秩序。"这一点逐渐显现出来了。

松山严所说的"发现心情愉快的场所"，以及建立"秩序"，这是建筑师永远不变的工作。

"设计建筑物的建筑师、建造城市的城市规划师最先考虑的是发现自己喜欢的场所、心旷神怡的场所，并给予其具体的内容与尺寸。材料、形态、大小、光与风、水与绿、土与石等的配置与建造。设置令人心情愉悦的场所秩序，这就是工作。老练的建筑师也好，经验丰富的城市规划师也好，发现几个赏心悦目的场所，找出其秩序，这必须要经常返回其工作原点。所以，秩序也不是一个（松山严《建筑的微笑——接口、连缝、细部》西田书店，2004）。"

读着这篇文章，马上想起亚历山大的《模式语言》，许多人共同感觉悠然欣悦的场所正是织入各种各样的秩序，相互重合形成的环境。解开那种一根根折合重叠秩序之线的是"模式"。这种模式有时也是物理结构，也包含着发生的事情、现象这样易于变化的事物。模式是环境与在那里的人取得关系的连接线。心旷神怡的场所为众多的人喜爱，持续使用的建筑物里，多彩的模式之线纵横折返，编织出花色秀美的织锦，延续这种秀美状态的编织方法就是"模式语言"。

某种秩序对人是否有益，是根据那个时代及社会文化、制度而决定的，也根据每个人而有所不同。所以，模式决非限定于一个含义，模式的目录也可根据每个人而不同，经常适合于更新、积蓄，改换。在这一意义上，可以说任何令人愉悦的场所也都是未完成的。

建筑师无论建造得细致与否，那只是建筑师的自我陶醉，只是自闭在专家通用的特殊语言中，只能作为不伦不类的未完成品。建筑物的使用时间长，房主家庭将来怎样变化，完全无法预测。所以，无论如何努力也不可能建造得彻底细致化。当然，无论建造得如何细致化，居住者还是要将其超越，编织出自我随意的用法。

应该建造得细致化还是简约化，那是永远也回答不出的问题。

安井正

28 与谁合作

建筑师不是万全的

自己建造建筑，建筑师能画图但不懂施工方法，是不全面的。没有人帮忙，图纸只不过是个画饼。画图的意义主要是为请别人来建造的传达手段。出色的建筑师也必须明白只一个人什么都干不了。

画图大多是一个人从形象到模型制作连贯干下来，而建筑工程并非如此。要靠许多建造者的相互合作才能完成。并且，同样的图纸，根据协助者不同，做出的状况也大不相同。完成图纸只是出现了画饼，其后极为现实的工程在等待着。根据“与谁合作”，甚至也会带来恶果。所以选择“与谁合作”是一件大事。以下分三个层次说明。

找到初级层次的好手

住宅建设的许多场合由工务店（建筑公司）承包，以前曾有过直营工程（由房主分包），但最近很少了。所以，从找好的工务店开始。

有时房主推荐工务店，但房主是外行，根据传言获得的信息，往往失当，可以认为多不可用。结果只能是建筑师作为自己的责任来进行选择。建筑师要承担因推荐所发生的责任，所以必须慎重。

可是工务店有万千，各种各样，从中选出“好的工务店”谈何容易。对于建筑师来说“好的工务店”的主要内容就是价格便宜，质量好。这并非易事，首先“价格便宜，质量好的工务店”难以找到。在这个领域要有长年经验，能解决问题。下面介绍如何寻找好工务店的线索依据。

工务店有大有小，只要不是建造大型豪宅就无法找大建筑公司。一般大的工务店报价高，反之，小的工务店报价便宜。大的地方有不干活的社长、副社长、营业经理等（恕有冒犯）。相比之下，木匠出身的小工务店，由妻子管账，不需要经费。确实，小工务店不需要经费，报价便宜，但工作内容千差万别，既有只会粗活的敲打木匠，也有做工精细严谨的小工务店。建造 30 ～ 40 坪（1 坪约 $3.3m^2$）的木结构住宅，这样的小工务店就足够了。不仅是住宅的施工，也可以建立以后的关系，成为新的开端。但有没有这一价值，只能看该工务店所做的工作情况。另外，不要期待小工务店会有施工图纸。因此，建筑师理所当然地要描绘出与施工图相匹敌的原大图，首先必须具备“事物制作方法”的基础。

还有一种选择方法，就是不看工务店的大小，而看其工作特长。擅长使用自然材料建造房屋的工务店，工匠、特别是木匠最好。但其对 RC（Reinforced Concrete 钢筋混凝土）结构、S（Steel 钢）结构就很不在行。相反，擅长建造最新流行洁白住宅的工务店当然涂料工、铁架工就好。也有擅长浇筑水泥的。擅长之处各种各样，所以要求建筑师有识别工务店长处的眼力。

大点的工务店根据监理人的不同，做工的效果也不一样，100坪（1坪约3.3m^2）的RC（Reinforced Concrete钢筋混凝土）结构，小的工务店干不了，需要由相应大的公司来做。该公司有几位监理，根据各个监理效果有所不同。监理兼设计师代理由一人全包的情况也有。有一插曲，不久前，被称为巨匠的某建筑师，指名在建筑公司工作的监理，作为自己的工地现场监理，负责替巨匠监督现场。在当今，这像是难以实现的遥远梦想。但这种洞察监理的人品、能力，重视工地现场的姿态，应当参考。

另外，经济情况也是至关重要的，这在别的项目里讨论。若工作途中企业倒闭，那可就无法挽救了。

找工务店是很深奥的事情，对报价的多少、工作效果的良否、经营状况、擅长领域等各种各样要素必须作出判断。对我们来说要点是：请有经验的建筑师以及朋友介绍，然后掌握该公司具有什么特点，并且建立随时可以获得这种信息的网络，这是很重要的。

技能、报价根据地域有不同

一般来说根据工务店所在地区的不同，技能、报价也有很大差异。例如，岛屿的建设费贵，因为要另加运费。常听说关东地区过河就便宜，河是指利根川和荒川。尽管人工费多少有差异，但基本上是地价的不同。所以，距离若差不多就请河对岸的工务店进入中心部来做较为明智。

这里只是一般说法，关东工匠与关西等地的工匠相比，技术落后。近年来，落后程度令人掩目长叹，建筑组件、板金、泥瓦等方面的工匠更为甚之。但尽管关东情况如此，在关东平原边上的山区附近依然有出色的工匠。所以，一般来说地方工匠的技术好。城市中心的经济竞争激烈，作为建造者重视理念的余地已经丧失了。

这样根据建筑物的建造场所，成本、技术会有所不同。所以，选择合适的建造者极为重要。同时，有必要注意设计内容，住宅设计不仅是根植于当地风土的设计，成本、技术、建造方法也都受到地域性左右。

中级层次——谁来做

以上是关于选择优秀的制作者，若自己本身就是优秀的制作者，那就不必选择了。前面部分写道建筑家是不完全的，然而，如果能够制作就如虎添翼了。

设计事务所开设之初，很难拥有优秀的工务店及工匠。"还没有好的工务店，正在找"。在现代，设计者的学习时间缩短，设计事务所开设之初，请工务店协助，这是实际状况。在工地现场了解建筑实际情况，说现在还在学习，这也是实情。

但有了某种程度的经验后，应尽快建立自己的合作公司与工匠。建筑师有各自的做法及特色，与同一建筑公司、工匠多次合作，在工地现场会一次比一次顺利。对监理、工匠的资质也会更了解，知道其长处、短处。刚才说的巨匠看中监理，请其监督工地现场就是这样的延长线。

这样不仅工作顺利，对建筑公司来说，只按图纸报价有时会控制不了，任何图纸都有难以报价之点，所以建筑公司为了安全起见报价要高，但有了几次合作后，就能报价确切，说：这些事情有这些金额就可以了。但只有多次合作才能达到这样。

高级层次——有创造性的工地现场

最后，有特色的建筑要用有特色的施工方法和人手。即，要建造有自己特色的建筑，必须找到能实现这一想法的人手，要进行培育。大多有特色的建筑师不通过建筑公司，而直接拥有可以制作自己风格的工匠、组件制造者的关系网络。桌子等家具、把手等金属件、灯具、某工匠特有的技术，等等。建筑中存在着这种无限的可能性。

找工务店，从选择阶段起就建立起为自己工作的关系，建立起这样的与某个人的关系，才能建造出建筑师自由个性的作品，才可领略建筑的乐趣。达到这一步，才能超越建筑工地单纯的监理作用，对于创造未来事物的建筑师来说，才能获得真正的创造建筑的舞台。

“人和”是关键

进入中上级层次，建筑师与施工者并非单纯的合同关系，施工业者必须对该建筑师这边的工作有继续做的欲望，这是由双方具有良好的信任关系才能成立的。若到了上级层次，非同一般工作的创新尝试对施工者来说，也是有风险的工作。要让其接受，就得让其有配合建筑师工作挑战的乐趣和意愿，建筑师就必须具有人格魅力。

尽管如此，建筑师与施工者的信赖关系，首先是经济的信赖关系。即，施工者所做的工作能够获得合理的报酬。为此，能够站在中间与房主协调等，这样作为建筑师所具有的责任感才能成立。但建立不起这种关系的建筑师却意外地多，这样不可靠的建筑师就没有一个施工者愿意辅佐了。

进而，根据工作的乐趣及意义，建筑师能多大程度作为伙伴吸引建筑公司及工匠，这也与建筑师的工作热情及人格魅力有关。

泉幸甫

29 庆典

建筑设计是辛苦的工作

也许没有比建筑师更辛苦的工作了，特别是住宅建筑师。从房主角度来看，为了实现一生仅一次的梦想拿出大量金钱，丈夫也好，妻子也好很可能怀有无限梦想，对于这样的期待，到完工至少要一年以上的长时间，各种各样的事情都可能发生，而住宅建造项目却必须安全地引航入港，这个导航人就是建筑师。住宅建造中建筑师并非只是画图，要与各种各样的人打交道。首先是房主、建筑公司、各类工匠等。组织他们也是建筑师的工作，这需要有〝人格力量〞。在图纸上画出好的设计，并不等于一定能建成好的建筑。要实现它，就要观察到全部整体的各个方面，现实中有冷静的判断力，同时还要求有随时决断的能力。建筑师有时被不合理的情况所左右，但常有尽管不合理也必须完成的情形，这是很劳心的工作。以婉转的方式表达，也许可以说是在做表面文章。

房主各种各样

房主对建筑师的工作是抱以各种各样期望的，就像人的面孔十人十个样。有的期望抗震持久性能、有的期望好看漂亮、有的期望使用方便、有的期望做工精细、各种各样。并且，相互微妙地交叉在一起，甚为复杂。

高龄者有的看木刨的刮纹及榻榻米质量，年轻人对此大都不感兴趣，而从事技术工作的房主则对尺寸的精确很在意。

建筑师的工作当然要毫无遗漏地满足这些要求，但对于过度要求有时却无论如何也满足不了。从一开始若了解这个房主性格如何，在处理方法上会有所准备。但大多是完工后才能明白原来如此，有的甚至还不得不进行诉讼。

在建筑界有“医生、和尚、教师的项目不要做”的说法，但并非都是如此。我至今所经历的许多医生都是人格完美的，这是事实。而自负的房主确实存在，这也是事实。反之，从房主的立场观点则有“不要介绍建筑师和海外旅馆”的说法。这是房主对建房态度十分认真的佐证，也是房主个性的清楚表达，说明建筑师并非是简单容易的工作。

不管怎么说，一旦接受了工作就要直达对岸港口为止。无论怎样的房主也无法返航，退回的话那矛盾更大。所以，建筑师为了实现建筑理想的同时，有必要时刻顾及到与房主的关系。

施工公司和工匠有好有坏

另外，建造方也有各种各样的人。建筑工程动用巨额资金，所以会发生各种事件。暗中勾结抬价诈骗、贪污、贿赂、拒付等等，并非仅限于企业倒闭。建筑师无法摆脱这样的建筑行业。

譬如，建造途中建筑公司倒闭，作为该工程的监理与之摆脱不了关系。倒闭事件中甚至有黑社会插手。的确，工程合同是房主与建筑公司之间签订，建筑师不是直接当事人，只是第三者。但建筑公司倒闭后到工程重开有很多麻烦，若是建筑师介绍的建筑公司那就更麻烦，不仅有道义责任，有时还会被告上法庭。因而，建筑公司的选定，房主支付的工程款的分配方法，都要充分注意，绝不可以马虎。这是保护房主，同时也是保护自己。

建筑师对建筑公司、工匠要以诚相待进行工作，当然有这样的人，有时也会有与此相反的人，这也是事实。无条件的信任也是极危险的。

也有不通情达理的房主。例如，房主对建筑公司提出的工程款漫天砍价。建筑师作为房主代理人处境难堪。这时，建筑师做决断要有建筑师的职责感，不要助长无理要求。

建筑实务的要点是成本和时间表控制。即，符合预算和遵守工期。许多纠纷是因为这两点引起的。这经常是人的欲望和欠缺冷静判断力所导致的。建筑是巨额资金在社会各种人中移动，引起纠纷的可能性随时存在。作为建筑师的人生，对建筑抱有纯粹热情的同时，还要有洞察社会和人品的犀利目光。兼有这种犀利性才会获得房主、建筑公司以及工匠的信任。

建筑现场的热情

建筑是人创造的结果，最重要的因素还是人。人的欲望相互交会的同时，相互合作，共同生存。考虑这样的相互关系，由更

上栋仪式

为良好的人际关系来形成更为出色的建筑，这一程序的操纵者是建筑师，其立场最为重要。当然，集于一场的建筑公司、工匠的素质可使得现场的氛围不同，但建筑师的影响仍然很大。如何安排调度工匠是建筑师的技巧。特别是住宅这样细致的工作，同样内容的工作支派，根据建筑师其反应也大为不同。特别要注意的是对建筑公司所做的工作要圆满支付报酬，支付不合理就不会再次来为该建筑师工作。而类似这样的传闻却不绝于耳。如“28与谁合作”所述，因为建筑师人格不够完美，在这个世界就难以生存下去。在保护房主利益的同时，也要保护建筑公司的利益。

建筑现场有效提升热情的方法，自古以来有祭祀地神及上栋仪式。这不仅仅是敬神，对于聚集于一处的房主、监理、建筑师来说，也是建立人际关系的场所。最近这样的仪式明显减少，那也许表明建筑物只是是由经济关系形成的。在住宅这样繁杂的现场工地，有效提高相关人员热情的活动，也会带来更好的工作结果。

原来，上栋仪式是木工工作进行到中间一个阶段时举行。现在，用手工做木结构的住宅已经明显减少，木匠进入工地马上就是屋顶上栋仪式。现在，上栋仪式之后，也有在现场工地与房主一起烧烤聚餐之类的事，那很提高热情，房主与工匠随意交流，工地现场的气氛立刻就会和谐起来。

完工庆典对此后进行的设备安装有作用，特别是电器设置、给水排水卫生设施、门窗等建筑组件的安装，使工人们心情愉快地安装设备，这样的仪式还是有必要的。

建筑是“社会”行为，在社会海洋上平安进港前必须操船。经常说建筑师是从五六十岁开始的，其意就是这时迎来设计技术质量的成熟期，积蓄起广泛的知识与人际关系，对社会无所不知，由此才获得创作活动的自由。即建筑师的水平高低不仅在于设计，也有很大程度根据人格的力量。

泉幸甫

论坛

致从事建筑的女性

自从20岁前后立志从事建筑，便憧憬住宅设计。当时，在大学理科学习物理，朦胧地想象着今后的人生，筹划着如何度过。首先，要创业。正因为是女性，所以必须要有一生可从事的职业。眼前浮现出了这一命题。一生的职业，若可能的话，应是喜欢的职业。喜欢的职业是什么？反复问自己，最终找到的是“建筑”。希望有家庭、有孩子，而受雇于人则很难做到。要自己创业，于是选定了建筑设计师的职业，目标是设立自己的建筑事务所。就这样决定下来，要成为“建筑师”。

为了实现理想开始了建筑学习，当时，正是大学的朋友们向大企业就业活动的最忙时节，因为是女子大学毕业生，到了大企业工作也没有任何焦虑不安。22岁的当时，女性为了就职，能连续工作，必须选择大企业，这是很正确的。但30年后的今天来看，感到当时我的选择看似完全脱离主流，却真正“没有选错”。

现在感到当时没有选错的理由之一是“对建筑设计很感兴趣”。基础是“感兴趣”，愿意去做。从各个方面理解建筑，得以逐渐提高。即，在建筑中进一步发现了主题，并围绕其进行工作，产生出独自的设计理论、设计方法和形态。我步入建筑设计职业时25岁，在建筑工作之中也遇到了“木结构”的题目，抓住这一机会，努力研究探索，建立起了自信，所以才像今天这样“对建筑设计很感兴趣”。

20岁的后半期遇到这样的题目，感到这工作很有乐趣，很值得做。孩子出生时，曾担心是否会使工作停止。但感到正是因为有了孩子，有了养育孩子的生活体验，才在住宅设计中看到了生活空间，获得了建造这样空间的力量。坦白说，养育孩子所费的时间，使得我比男性同行学习的时间减少，我为此焦虑过，也失落过。但现在回想，正是这种焦虑和失落成为我更加自强的动力。

经常遇到“在男性为主的建筑业中，有没有痛苦和必须努力克服的困难”这样的提问。那时的回答几乎都是“没有”。现在已故的松井亚瑶利记者有一次曾见面问过同一问题，我回答说“年轻时在工地工人对我很友好，只有利没有害。”松井对我说：“很羡慕你有资格可以作为建筑师生活。我们朝日新闻这样的大公司却是封建的，现在也还有不平等，总是感到很苦恼。”就连著名的松井记者都这样说，使我很吃惊，也更使我感到了22岁时的选择没有错。

但我初次当监理时，在工地也受到前辈警告“说蠢话会被工人欺侮的。”但结果是大家都待我很亲切。这是因为为了实现自己想要建造的东西，在现场工地与工人对等地相互交流的力量以及顽强努力，而被大家认可。我自信是这样。

现在自己也依然热衷于建筑，回忆20岁之前追寻热爱的事物，没有热爱的事物极为可悲。反之，没有比热爱某事，有努力目标更为幸福的了。我深爱建筑，也期望遇见其中的某个题目。

三泽文子

30 建筑师的工作

选择建筑师职业

没有比建筑师更有趣的工作了，自己构思出的建筑，由许多人的手，并且是用别人的钱来做。实在是件好工作，如此好事现在很难找，若再有的话，也许只有电影导演如此了。

但是，"用他人的钱"，这就是建筑师职业人生的难处。正是因为用他人的钱，所以就产生了相应的责任与期待。以前，有没有房主无缘无故把钱委托自己？这是一个大问题。建筑师没有工作项目什么都开始不了，所以吃不上饭的建筑师比比皆是。成为名建筑师之类，谈何容易。从某种意义上来说，选择建筑师职业可以说如同赌博人生。

尽管如此，现在也仍然有许多年轻人志愿成为建筑师，同时他们许多人内心也在苦恼，想应不应该成为建筑师，如果成为建筑师实际上能不能干得下去。对此不实践是无法知道的，对于未知世界的任何自问自答都不会有结果。

先去和前辈建筑师谈谈苦恼，你是否应该干，不过不会有答案的，也许只能说干干看比较好之类。谁都应该干，恐怕不能这样回答。感到有可能性的年轻人，也无法保证他一定成功。干不干只能由自己决定。

发现自己

以建筑师为目标的人或多或少总想有一天成为名师。就连高迪年轻时也以名建筑师为目标，欲望比别人更强。但他如果真是原样不变的话，就不会成就那样伟大的成果。可以说高迪作为自己人生的起步，别无他求，即便是裹着破衣烂衫，也要把自己的人生奉献给建筑。有名无名毫无关系，自己只想必须完成“圣家庭教堂（Sagrada Familia）”。并且，明白自己看不到完成就会死去，那也要做。在这个意义上，高迪从那时起发现了自己，成为自己。当然，他也有了不起的才能。但不仅如此，无欲结果使他留名后世。

因为想成名而开始建筑也没关系，但只想成名却不可能成为真正的建筑师，这是理所当然的。发现自己，即自己真正想做的是什么，必须做什么，有必要发现这一点，这就是自己不可停止必须要做的事。如果有成为真正建筑师的方法，也许只有如此。

可另一方面，建筑的难处在于如同原先大家一直议论的山口百惠那样，要“与时代共寝”。建筑与时代总是不即不离的关系。所以，也可以说建筑是时代的表现。

勒·柯布西耶在这个意义上是幸运的人，历史要求建筑现代化，柯布西耶发现自己必须要做的事，于是，找到了那样的生存方式。但是，也有人只考虑认识时代，与时代共寝，将自己完全卖给时代，这样的建筑师大有人在，其只会在媒体上出名。

“找到自我”、“与时代同在”做到这两点不容易。高迪也好，勒·柯布西耶也好，都是在这两点上完美一致的人。若生于不同时代恐怕就做不到那样了。伟大、有名都是很偶然的事。

通过建筑工作发现自我，全身心投入，是否有这样的勇气？

想成名，年轻时贪婪地阅读建筑杂志，在实际工作之前的学生时代，或创业但得不到工作项目之时更是这样。那只是所憧憬的建筑和建筑师形象。那并无可非议，但那也许只对〝观察自我〞起作用，很难发现自我。最终必须在自身之中发现某些东西。

建筑并非只在建筑杂志里，要有广大的空间，建筑存在于广大的世界之中，要在这一广大世界中寻找自我，所以，出现于媒体的建筑师不看建筑杂志，就是看也只是浏览，只关心自己在杂志所发表的内容。

从建筑看世界，从世界看建筑

〝修养〞这是很陈旧的词，与建筑并无直接关系。但作为建筑师修养越深就越有真正的价值。实际上，出色的建筑师都有很高的修养，房主愿意拿出钱来请这样的建筑师来做事。

画家之中有拿剪刀剪掉自己耳朵的疯人，喝了酒什么都能干。建筑师如果多少有点这样的要素，或若本性如此，那就很麻烦。这是由建筑工作的广泛性所决定的。首先建筑成立要靠设计性、技术性的要素，以及项目统合所要求的能力开始的。对社会的批判精神，其他各种各样的美术、音乐、文学、历史、哲学等方面的广泛修养，对这一切的关心是产生出色建筑的源泉。

实际上，日本的传统建筑改革者中，有的人既是近代建筑师，也是茶师，同时还读马克思学说，还有在亚斯帕斯（Karl Theodor Jaspers、1883～1969）那里学习德国实证哲学的建筑师。建筑是深奥的，并且仅仅有建筑知识远远不够，还要求宽度与深度。这恐怕与“发现自我”也有关系。

修养不仅仅是大学课程，还要通过以后的人生钻研来形成。兴趣是随着年龄发生变化的，也必须要变化。三四十岁有一点名气，以后就销声匿迹的建筑师很多。那是在年轻时敏感于时代潮流，以后却跟不上，没有建筑师的深度和毅力。建筑师需要有广泛的修养，其能使你在一定时候产生出有深度的建筑。

建筑师身处矛盾的世界

建筑师的工作有时卷入相反要素，总是必须要在一定范围内拿出答案，并且像考试的问题，不止一个解答。

建筑师有对理想的向往，然而建筑师的工作中却经常会碰到性格不好的房主或建筑商、粗劣的工匠，或是很少的预算，卷入这种事的漩涡是家常便饭。

必须要糊口的现实，或者设计事务所必须要维持经营的现状，建筑师有作为经营者的一面，同时也具有无视经营而追求建筑理想的一面，建筑师身上存在着对立的两面性。建筑师总是在这样的理想与现实的冲突中生存，必须在其中找出更好的答案。建筑师就是这样，必须作为这样来被接受。这是现实，为这样的现实而苦恼，没有安逸之处可逃。

另外，设计工作要求抽象思考的同时，也要求具体思考，缺少哪个都不行。有时从自己的信念出发，必须不怕被理解为自我为中心的行为，还要坦率地听取别人的意见，要有容纳他人的大度。

建筑师的工作就是这样，理想与现实、无私与欲望、抽象与具体、自我与他人，等等，所有对立的事物同聚在一起。以柔和而不屈的强韧力量，重视自己的同时重视他人，这样的对立事物同在一起，一切要在其平衡之上成立。

正因为这样建筑才有趣，在对立之中产生出各种答案，产生出具有那个人特点的答案，各种各样的答案像每个人的脸各不相同，重要的是拿出自己特点的答案。不是发现一般的解答，必须是具有那个人特点的对现实的最好回答。其中含有建筑的自由度、趣味性。对于建筑师来说，这个世界存在着获取自由与个性的种种可能。

作为建筑师生存

建筑师将一项项工作称之为“项目”。但对建筑师来说最大的项目也许就是建筑师自己的人生。

很早成名，年轻时光彩照人的建筑师有之，但这种人在50多岁时往往就会销声匿迹。年轻而受人关注的人在任何时代都有，这是因其具有清新的感觉，富有时代的气息。但任何时代，这样的年轻人许多都会消失。相反，有的人大器晚成，一点一点积蓄底力，到晚年开花。建筑师的高峰期各不相同，但真正成功的建筑师多在晚年，当然他们从年轻时起，工作也受到注目，但真正的成就是在晚年。

这意味着坚持的精神，积累了丰富经验之后而成立。物理学家、数学家20～30岁的年轻人可以完成大业，反言之，则意味着如果在某种年龄之前不做成点事，就会前途尽丧。与此相比，建筑师的工作可以持续抱有理想，相应地延续才干，但这也是整个人生连续的理想，必须持续努力。至少在设计事务所做职员时要努力，否则，即便是创业了也不成事。相反，30、40、50岁……一直在努力的人不断进步，不定什么时候就会开花结果。可以说成功的建筑师几乎都是如此顽强、努力。建筑师的努力与自我钻研没有止境。当然不是为了退休金和老年金而连续工作的。

建筑师在平日需要踏踏实实地连续努力，同时还要有勇气，要创造至今没有过的东西，必须要有勇气。有的人摸着石头也过不了河，也有的人看着别人过了河才过，也有的人随大流，也有不摸石头就过河的鲁莽者。建筑师所需要的是摸清石头，然后过河的勇气，这也可以说是顽强生存的勇气。

能不能作为建筑师生存下去，并不是单纯有没有才能就能回答的。需要勇气、顽强、坚韧、理想、持续精神、努力、与众多的人共同生存，这样综合性的人格，和勇往直前的生存力量。

泉幸甫

后 记

本书产生的背景中，NPO 法人（Non-Profit Organization 非营利组织）筑家会举办的“建筑训练”研究会，2001 年 7 月 7 日开始，每月第一个周六晚上，创业的建筑师以及考虑今后创业的设计所职员等聚会，进行各种“模式语言研究”，持续了 5 年。本书的四名作者都是“建筑训练场”的主要成员。

年轻设计者谁都想“搞好设计”，“什么设计是好的设计”，设计者之间也很难达成共识。看着建筑师的作品，只是说不出的“好感觉”，那没有意义。独自议论，只说些抽象的空话也没有意义。我们感到需要有“共同语言”以进一步客观地深入评论设计内容。

我们认为库里斯多法·亚历山大提倡的“模式语言”，根植于人普遍感觉的舒适性以营造出丰富的场所感觉为目的，是大多数人可以共有的通用语言。学习“通用语言”，与其他人沟通的同时展开设计。自己的设计独特化的同时，与参加者的设计能力提高相联系。这就是“模式语言研究”的宗旨。

彰国社的富重隆昭先生注意到了年轻设计师聚集的“建筑训练”活动，与我们商谈编写能更接近普通住宅设计业务，引发创意的书。并且，不局限于设计理论，作为独立建筑师所面临的问题、与房主及施工者的关系、无工作项目时期如何度过等内容，作为包括住宅设计师整体生活的书。还加进了女建筑师的观点，请三泽文子执笔了论坛“致从事建筑的女性”。

为编写方便，本书的30个项目从01至30排列。如第8页所示，数个项目以要点串联，以线连接相关项目。这也是住宅设计师的工作，各种题目相互重合、影响，逐渐形成非线形的组成，或者说是有机的整体，这是我们想表现的。

本书自2005年2月起在泉先生的事务所碰面编写，每月一次见面交流，两年时间飞逝而过。每次交流之中，泉先生的事务所总提供啤酒、小吃，话题向各个方面发展，十分有趣，深受鼓舞，获益极深。

彰国社的富重隆昭先生、前田宽先生给予很多指教，长期的长时间商谈次次参加，对于我们不善文笔的苦战支持到最后。多谢！

安井正

2008年9月

作者介绍

泉　幸甫　　　建筑师，日本大学生产工学系教授

1947年熊本县出生，1973年日本大学研究生院硕士课程修了。

1975～1977年 R工作室。1977年设立泉幸甫建筑研究所。1989～1997年 NPO法人筑家会代表（现在为该会理事）。1994～2007年日本大学客座讲师。2004～2006年东京都立大学客座讲师。2007年千叶大学研究生院博士课程修了（工学博士）。现任日本大学教授。

主要获奖：

1978年　神奈川县建筑比赛优秀奖

1999年　东京建筑奖最优秀奖

2000年　日本改装协会作品奖、对于材料设计的追求10周年纪念奖

2004年　日本建筑学会作品选奖

主要作品：

“泰山馆”（1990）、泥大津之家（1996）、Apartment传（1998）、Apartment鹑（2002）等。

安井　正　　　建筑师

1968年神奈川县出生。1991年早稻田大学理工系机械工学专业毕业后，入学建筑学学士课程，1994年早稻田大学理工系建筑专业毕业。1994～1996年建筑设备设计施工公司工作。1978年早稻田大学研究生院硕士课程修了（石山修武研究室）。1998年成立工艺科学室。现任 NPO法人筑家会理事。

主要作品：

“工作住宅”（2002）、“亭屋”（2002）、“住宅”（2003）、“葛饰、小路与家”（2006）、沙罗之木袖珍本（2006）等。译著《建筑ABC》（杰姆斯·奥克曼著　白杨社）。

吉原健一　　　建筑师

1963年京都府出生。1998年关东学院大学工学系建筑专业毕业。1986～1990年北川原温建筑都市研究所。1993年成立光风舍一级建筑师事务所。现任 NPO法人筑家会理事。

主要获奖：

1992年　商业环境设计奖入选

1995年　京都市“希望住宅”文化奖

主要作品：
“向岛之家”（2006）、“千岁船桥之家”（2006）、“五本木之家”（2007）等。

须永　豪　　　建筑师
1975年东京都出生。1994～1995年阿克斯吉他制作工作。1996～2001年建筑设计事务所工作。2001年成立萨巴伊巴鲁设计室。
主要作品：
“浮于森林之家”（2004）、“月之家”（2006）、“晨之家”（2006）、“杉木亭屋”（2008）等。

论坛邀请执笔者：

三泽文子　　　建筑师，岐阜县立森林文化学院 教授
1956年静冈县出生。1979年奈良女子大学理学系物理专业毕业。现代计划研究所工作后，1985年与三泽康彦共同成立MS建筑设计事务所，1995年与三泽康彦共同成立木结构住宅研究所。1996年开办MOK学校至今。现任岐阜县立森林文化学院教授。
主要获奖：
2007年　日本建筑学会教育奖
主要作品：
可那鲁别墅（2003）、白水湖畔（2003）、“日野北之家”（2004）等。
著作：
《INAX ALBUM 24 木结构住宅的可能性 钟情于木材》（合著 INAX出版）
《住宅的空间力量　居住方法与用心》（彰国社）
《民居结构 理念与实践》（合著 建筑资料研究社）